옷 잘 입는 아이가 될 거야!

옷 잘 입는 아이가 될 거야!

글 정윤경 | 그림 김수경

분홍고래

1장 옷은 왜 입어요?

2장 좋은 옷이 뭐예요?

3장 전통 옷에는 문화가 꽁꽁!

4장

옷잘러 따라 잡기

5장 나도 옷잘러

옷은 왜 입어요?

거울아!
너, 지금 거짓말
하고 있니?

자, 바로 지금 거울 앞에 서서 눈을 감고 물어보는 거야.

"거울아, 거울아, 이 세상에서 누가 제일 멋지니?"

이렇게 물어보면 거울은 세상에서 가장 멋진 누군가의 모습을 비추어 준단다.

자, 눈을 떠 봐. 거울 속에 누가 보이니?

뭐라고? 촌스러운 옷차림에 우울한 표정을 한 아이가 보인다고?

그럼, 그 낯선 아이는 누굴까?

"엄마! 나는 왜 이렇게 입을 옷이 없어? 옷 좀 사 달라니까!"

오늘 아침에도 엄마에게 짜증 낸 거 알아. 엄마는 뭐라고 하셨니?

"요즘 왜 이렇게 멋을 부리니? 공부를 그렇게 좀 해 봐라."

이렇게 대답하지 않았니?

엄마와 말이 안 통한다고 느낀 너는 아빠에게 도움을 청했겠지.

"아빠! 새 옷이 필요해요. 용돈 좀 주세요."

하지만 아빠는 이렇게 말했을지도 몰라.

"학생이 무슨 옷 타령이야? 너처럼 공부하는 학생은 깨끗하고 깔끔하게 입으면 되는 거야."

그렇게 거울이 말한 세상에서 가장 멋진 아이는 원하는 새 옷도 갖지 못하고 촌스러운 옷차림과 우울한 표정을 한 채 학교로 발걸음을 옮기지.

"세상에서 제일 멋지다고? 쳇! 거짓말. 세상에서 제일 촌스럽다면 또 몰라."

넌 거울이 거짓말을 한 것이라고 투덜댈 거야.

네 외모가, 옷차림이 마음에 들지 않니? 자신을 촌스럽다고 생각하니?

그렇다고 너무 걱정하지 마. 오늘부터 너는 최고의 옷 잘 입는 아이가 될 거야. 약간의 마법이 필요하지만 말이야.

넌 마법을 믿니? 네가 얼마만큼

마법을 믿는가에 따라서 너에게 오는 변화의 크기가 달라져.

바로 거울 속의 네가 어떻게 하느냐에 달린 거란다.

이 엄청난 마법은 이 책을 쓰는 내가 아니고 책을 읽는 네가 펼쳐 낼 것이기 때문이야.

자, 어떤 마법이 시작될지 기대해도 좋아.

튄다, 튀어,
인간 신호등

너는 새로 산 노란 티셔츠에 아끼는 빨간색 미키마우스 장식이 달린 가죽 허리띠를 매고 초록색 면바지를 입고 학교에 갔어.

세 가지 모두 네가 좋아하는 것들이고 입으면 기분이 좋아지는 옷이라 오늘은 한꺼번에 입고 싶었거든.

그런데 어떻게 된 일인지 너희 반 친구들이 자꾸 널 힐끔힐끔 보면서 웃는 것 같아.

"도대체 왜 자꾸 보는 거니?"

이때 네 짝꿍이 조심스럽게 말을 꺼냈어.

"이런 말 미안한데, 너 오늘 마치 신호등 같아."

짝의 이 말에 교실은 웃음바다가 되어 버렸어.

신호등? 노랑, 빨강, 초록 색깔의 인간 신호등? 아차! 그러고 보니 오늘 입은 옷 색깔이 딱 신호등 색깔이구나. 쥐구멍이라도 있다면 찾아 들어가 숨고 싶은 기분이야.

친구들 눈에는 오늘 패션이 신호등처럼 보였던 거야.

"얼굴에 빨간불이 들어왔다. 모두 건너지 말고 제자리에 멈춰 서 있자."

장난기 많은 한 친구가 빨개진 얼굴을 보고 또 놀렸어. 교실 안은 시끌벅적.

넌 사과처럼 빨개진 얼굴로 외치지.

"그래. 바로 내 별명이 패션 테러리스트다!"

상상만으로도 끔찍하다고? 그런 일은 너에게 절대 있을 수 없다고?

글쎄, 그렇게 자신만만할 수는 없을걸?

너희가 혼자 옷을 입을 때 가장 많이 하는 실수가 바로 색깔 선택이거든.

좋아하는 옷으로만 골라 입다 보면 너도 인간 신호등이 되지 말라는 법이 없지.

인간 신호등이 되지 않기 위해서는 보색과 동색이라는 것을 알 필요가 있어.

각 색깔의 맞은편에 배치된 색깔을 보색이라고 해.

빨강과 청록, 노랑과 남색, 연두와 보라 등의 색은 서로 보색인데 일반적으로 패션에서는 꼭 이런 짝이 되는 색깔이 아니라도 느낌이 반대되는 다른 색깔을 보색이라고 해. 반대로 비슷한 계열의 색상을 동색이라고 하고.

멋쟁이라면 파란 셔츠에 주황 재킷을 입거나 보라색 치마에 연두색 블라우스를 입어도 멋지겠지만 보통 그렇게 입으면 하는 말이 있지? 촌! 스! 럽! 다!

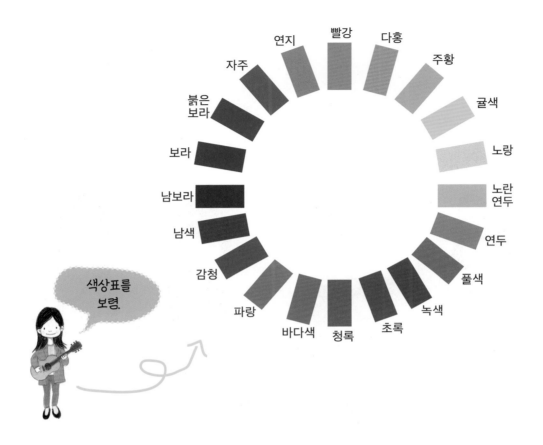

연지 빨강 다홍
자주 주황
붉은 보라 귤색
보라 노랑
남보라 노란 연두
남색 연두
감청 풀색
파랑 녹색
바다색 청록 초록

색상표를 보렴.

　꼭 보색 그대로가 아니라도 파란색 면바지에 빨간색 셔츠를 입고 흰색 조끼를 입었다고 상상해 봐. 자, 뭐가 연상되니? 그래. 맞아 태극기 패션! 우린 웬만하면 보색 패션은 좀 피하는 것이 좋겠지?

　너에게 주황색 바지가 있다면, 위의 색상표를 보고 주황색 바지에 어떤 티셔츠를 입으면 좋을지 떠올려 봐.

　패션의 시작은 색의 배치에서 이루어진다는 걸 기억하며 말이야.

✧ 어떤 색이 어울릴까?

색 맞춤 코디

흔히 깔 맞춤이라고 하는데, 비슷한 색의 옷으로 코디하는 걸 말해. 가장 무난하게 머리부터 발끝까지 검은색으로 또는 갈색으로 코디하면 통일감을 주어 세련된 느낌을 줄 수 있어. 살짝 변화를 주고 싶다면 회색-어두운 회색-검은색의 배색을 이용한다면 지루한 느낌을 탈피할 수 있어.

자유색 코디

같은 색상의 코디가 아니라 자유롭게 색깔을 이용해 코디하는 걸 말해. 단, 규칙이 있는데, 여러 가지 색깔을 사용하지만, 옷의 밝기를 신경 써야 해. 예를 들면 파스텔 색이라고 부르는 연분홍색, 연하늘색, 연노랑색을 이용해서 코디하는 거야. 또 어두운 빨강, 어두운 보라, 어두운 녹색같이 색의 밝기가 어두운 느낌인 것끼리 입어 주면 여러 가지 색깔로 개성적이지만 세련된 패션을 연출할 수 있어. 아래 색표를 참고해 봐.

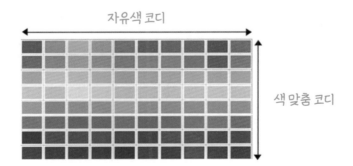

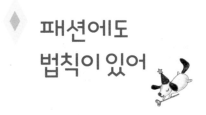

패션에도
법칙이 있어

혹시 '옷잘러'라는 말을 알고 있니?

요즘은 옷 잘 입는 사람을 '옷잘러'라고 부른대. 그럼, 패션 테러리스트라는 말은 알고 있니? 테러리스트의 원래 의미는 '정치적인 목적을 위하여 계획적으로 폭력을 쓰는 사람'을 말하지만, '패션 테러리스트'라고 해서 옷을 어울리지 않게 입는다거나 이해하기 어려운 패션을 추구하는 사람들을 이르는 말로 쓰기도 하지.

이 말은 주로 연예인들이 이상한 옷을 입고 나온 인터넷 기사에 많이 쓰이곤 하는데, 단순히 옷이 이상하거나 입은 사람과 안 어울리는 경우뿐 아니라 장소에 맞지 않는 옷을 입고 있을 때 쓰이기도 해.

예를 들면 영화배우가 영화 시사회에 색동저고리를 입고 왔다거나 아이돌 가수가 몸에 딱 달라붙는 빨간 내복 차림으로 시상식에 등장했다면 '패션 테

러리스트'라는 소리를 듣게 될 게 분명해. 넌 한 번이라도 주위 사람들에게 패션 테러리스트 같다는 말을 들어 본 적 있니?

신경 써서 예쁘고 멋지게 옷을 골라 입었는데, 주위 사람들에게 패션 테러리스트라는 말을 들으면 참 속상하겠지?

그렇다면 왜 넌 패션 테러리스트, 촌스럽다는 소리를 들을까? 타고난 패션 감각이 없어서?

일단 맞는 말이야. 유독 패션 감각이 뛰어난 사람들이 있어. 그들이 입으면 어떤 옷이든 멋져 보여서 유행을 만드는 사람들.

하지만 그런 사람들이 100명 중에 몇 명이나 될까? 나머지 사람들은 다 비슷비슷한 수준일 거야. 내 생각에는 기본을 무시해서 그렇지 않을까 싶어.

수학 문제를 푸는데 많은 공식이 따르듯이 옷을 입는 일에도 기본 법칙과 규칙이 있거든. 이것을 알고 나면 외모를 가꾸는 일도 쉬워질 것이고 최소한 패션 테러리스트라는 듣기 싫은 별명은 떼어 버릴 수 있어.

복잡하게 생각하지는 마. 수학 공식보다 영어 문법보다 훨씬 쉬울 테니까.

유행은
돌고 도는 수레바퀴

요즘 너희 어린이 사이에서 유행하는 패션 아이템은 무엇일까?

크롭티? 카고 바지? 후드티? 친구들 여러 명이 똑같은 옷이나 비슷한 옷을 입고 있는 모습을 봤다면 그 옷은 지금 유행하는 것이라고 볼 수 있어.

그리고 너희가 좋아하는 유튜버나 아이돌 가수들이 입어서 유행을 만드는 경우도 있을 테고.

그런데 그거 아니? 유행에도 법칙이 존재한다는 것!

엄마나 아빠의 어릴 적 사진을 유심히 본 적 있니?

사진 속의 옷차림이 어디선가 익숙한 듯 보이지 않니?

요즘도 즐겨 입는 물 빠진 청바지를 '스톤워시진'이라고 하는데 오래전 '스노우진'이라는 이름으로 유행했어. 또 크롭티는 '배꼽티'라고 부르며 90년대를 대표하는 파격적인 패션이었지.

이뿐만이 아니야. 유행이라는 것이 급하게 변하고, 매번 새롭고, 따라가지 못하면 뒤처진다고 생각하지만, 결국 오랜 시간을 두고 보면 돌고 도는 것이란다. 이것이 바로 유행의 법칙이야!

지금 너도 스스로 촌스럽다고 생각하지는 않니?

그런데 말이야. 어쩌면 너의 개성 있는 패션이 곧 유행이 될지도 모르는 일이란다.

조금 튀고 이상한 옷이라도 자신 있게 개성으로 소화할 수 있다면, 그 사람은 유행을 만들어 갈 만한 자격이 충분한 거야. 그러기 위해서는 자신감이 중요해.

자, 거울 앞에서 움츠렸던 어깨를 쭉 펴 봐. 넌 다음 시대의 유행을 만들어 갈 첨단 패션의 꿈나무일 수도 있으니까.

TIP

1

2

3

4

5

6

1 **후드 티** 모자가 달린 티셔츠.

2 **스노우진** 부분부분 염색약으로 물을 뺀 청바지로 눈꽃 모양처럼 무늬가 있다고 해서 붙여진 이름.

3 **배기 바지** 자루처럼 넉넉하고 폭이 넓은 바지로 허벅지 위가 특히 넓은 바지.

4 **스톤워시진** 분쇄한 돌을 혼합하여 세탁하는 방법으로 부분부분 염색이 된 청바지.

5 **하이탑** 운동화 발목까지 올라오는 운동화.

6 **카고 바지** 허벅지에 돌출된 주머니가 달린 면바지.

옷은 왜 입을까?

아주 기본적인 이야기부터 해 볼까?

사람들은 귀찮게 옷을 왜 입을까? 예쁘게 또는 멋지게 보이기 위해서? 아니면 추위를 피하려고? 그것도 아니면 벌거벗고 있으면 창피하니까?

그래, 모두 맞는 말이야. 옷은 그 사람의 아름다움을 표현해 주기도 하고 추위와 더위에서 몸을 보호하고 또, 예의를 갖추게도 해 줘.

물론 모두 다 원시 시대처럼 옷을 벗고 있다면 어떤 사람이 지위가 높은 사람이고 낮은 사람인지, 누가 돈이 많은 부자이고, 가난한 사람인지 서로 알 수 없겠지? 맞아, 그럼 세상은 조금 더 평등해질지도 몰라. 하지만 옷은 우리가 생각하는 것보다 더 많은 역할을 한단다.

자, 방금 목욕탕에서 목욕을 하고 나왔다고 상상해 봐. 먼저 무엇을 입니? 속옷을 입어야겠지? 속옷은 몸에서 나오는 땀을 흡수해 주기도 하고 몸을 보호해 주는 역할을 해. 그 다음 티셔츠를 입고 바지나 치마를 입겠지.

각자의 개성과 취향에 맞게 고른 예쁜 옷을 입으면서 자신을 가꿀 수 있고, 앞에서 설명한 것처럼 옷은 추위와 더위로부터 몸을 보호해 주기도 해. 벌레와 위험한 외부 환경에서 몸을 보호해 주지.

때론 교복이나 유니폼 체육복 같은 단체복을 입을 때도 있잖아. 이런 옷은 어떤 단체에 소속되었다는 것과 신분을 나타내기도 하고 말이야.

그뿐 아니라 옷은 예의를 나타내거나 마음을 표현하기도 하는데, 이를테면 결혼식에 정장을 입어 축하의 마음을 나타내고, 장례식에 검은색 옷을 입어 함께 슬퍼하고 있음을 표현하지.

자, 이제 옷의 많은 기능을 알았으니 왜 옷을 입어야 하는지도 알겠지?

옷뿐만 아니라 신발이나 모자 액세서리도 옷처럼 여러 가지 기능을 하지.

옷 입는 것이 어떻게 보면 참 귀찮고 성가신 일이지만 생각을 바꾸면 이렇게 재미있는 일도 없어. 내가 입은 옷을 친구들이 예쁘다, 멋있다, 칭찬해 주고. 옷 하나에 내 이미지가 바뀔 수 있다니, 정말 놀랍지 않아? 그러니까 옷을 더 멋지게 잘 입으려면 기본을 알아야 해.

높은 건물도 지하부터 공사가 탄탄하게 잘 되어야 거센 비바람에 무너지지 않듯이 옷에 대한 기본을 알아야 옷을 잘 입을 수 있단다.

아무것도 모른 채 옷 상표 이름이나 술술 외우는 실속 없는 옷잘러와 옷의 기능부터 역사, 유행까지 모두 아는 똑똑한 옷잘러 중에 어떤 옷잘러가 되고 싶니? 패션 공부도 하는 현명한 옷잘러가 되어 보는 건 어때?

미니스커트
소탕작전!

"잡아! 저 골목으로 도망쳤다!"

경찰들이 흉악범이라도 쫓듯 정신없이 골목을 뛰고 있어.

어라? 그런데 뛰는 경찰의 손에는 권총이나 수갑이 아닌 줄자가 들려 있네?

경찰은 흉악범이 아니라 짧은 미니스커트를 입은 여성을 잡았어. 그러고는 괴

상망측하게 무릎에 줄자를 대고 미니스커트 길이를 재지 뭐야.

"무릎 위 25센티미터! 자, 같이 경찰서로 가셔야겠습니다."

여성은 큰 죄라도 지은 듯 울면서 용서를 구했어.

"경찰 아저씨, 다신 안 그럴게요. 한 번만 봐 주세요."

하지만 경찰은 단호했지.

"안 됩니다. 20센티미터가 넘으면 불법인 것 몰랐습니까?"

미니스커트를 입은 여성은 하는 수 없이 경찰서로 끌려가게 되었어.

이게 도대체 무슨 상황일까?

이것은 1960년대 우리나라에서 실제로 벌어진 일이래.

1967년, 윤복희라는 가수가 아주 짧은 미니스커트를 입고 미국에서 우리나라

에 들어왔어.

요즘도 연예인들이 입으면 유행이 되듯이, 많은 여성이 윤복희 가수의 미니스커트를 보고 열광했지. 너도 나도 치마를 잘라 미니스커트를 만들어 입고 다녔어.

처음에는 무릎 위 5센티미터 길이였던 미니스커트가 점점 짧아져서 무릎 위 30센티미터까지 짧아졌대.

조금만 숙여도 속옷이 보이는 이 미니스커트는 사회적인 문제가 되기에 이르렀다지 뭐야.

그래서 경찰이 단속을 할 수밖에 없었다는데 말이야. 재미있는 것은 경찰들이 줄자를 가지고 다니면서 여자들의 치마 길이를 쟀어. 그리고 무릎 위 20센티미터가 넘으면 잡아갔다고 해. 하지만 이런 단속을 했다고 미니스커트의 유행이 사라졌을까?

여성들은 경찰을 피해서 더 짧은 미니스커트를 입고 다녔고, 경찰의 줄자를 피한 것이 자랑이라도 되듯 이야기하며 스릴을 즐기기도 했대.

요즘 거리에 나가 보면 짧은 치마를 입은 여성을 많이 볼 수 있잖아. 옛날 이렇게 단속을 했는데도 미니스커트가 사라지지 않고 유행인 것을 보면 법이 유행을 막지 못하나 봐.

너희가 그 시절에 태어나지 않은 게 참 다행이라는 생각이 들지 않니?

만약 그 시대 사람이었다면 경찰 아저씨의 줄자를 피해서 골목을 뛰고 있을지도 모르잖아.

좋은 옷이란,
비싼 상표가 아닌 깨끗한 옷을 말하는 거야.
상표와 상관없이 품질이 좋은 옷도 중요하겠지만
진짜 좋은 옷은 때와 장소에 맞고 다른 사람의 눈살을
찌푸리게 하지 않는 단정한 옷이야.
장소에 맞게 단정하고 깨끗한 옷을 입는다면
꼭 비싼 옷으로 화려하게 꾸미지 않아도
예의 바른 옷잘러가 될 수 있단다.

2장

좋은 옷이 무엇예요?

뭘 입을까?

'유행은 돌고 도는 것이다. 꼭 유행하는 옷이 아닌 남들이 입지 않는 옷이라도 내게 어울린다면 얼마든지 개성 있는 패션이 될 가능성이 있다'는 것을 알았을 거야.

그럼 이번에는 어떤 옷이 어떤 장소에 어울리는지 알아볼까?

소율이가 좋아하는 남자 친구의 생일이 다가오고 있어. 생일잔치에 많은 친구가 올 거야. 그런데 소율이는 누구보다 예쁘게 보이고 싶어.

어떻게 해야 할까?

마르지 않는 요술 지갑을 가진 엄마를 졸라 예쁜 옷을 사 입을 거야. 그리고 이왕이면 다른 친구가 못 사 입는 비싼 옷을 사면 더 좋겠어.

며칠을 졸라서 백화점 마네킹이 입은 값비싼 신상품 원피스를 샀어.

소율이의 하얀 얼굴을 살려 줄 분홍색에 작은 리본으로 치마를 꾸며서 너무나 고급스럽고 예쁜 원피스를 말이야.

원피스를 입고 거울 앞에 서니, 어머나! 동화 속에서 방금 튀어나온 공주님이 따로 없네?

이제 초대장을 받으면 예쁘게 단장하고 파티에 갈 거야.

그런데 초대장을 받고 보니 파티 장소가 놀이공원이래.

그럼, 원피스를 입고 놀이 기구를 타야 한단 말인가? 그렇다고 어렵게 마련한 원피스를 포기하기는 싫어. 어떻게 해야 할까?

이런 상황이 된다면 너희는 어떻게 하겠니? 마치 햄릿처럼 고민에 빠지겠지.

"죽느냐, 사느냐 이것이 문제로다?"

"아니, 아니! 원피스? 청바지? 무엇을 입느냐, 그것이 문제로다."

장소에 맞는 옷이 바로 좋은 옷

엄마는 그냥 편한 옷을 입고 가라고 말리셨지만, 결국 소율이는 새 원피스를 입은 채 놀이공원에 갔어.

소율이 모습을 본 여자 친구들이 은근히 부러워하지 뭐야. 아이들의 눈빛을 보니 꽤 잘한 일 같아.

그리고 오늘 생일인 남자 친구가 왔어.

"소율아, 오늘 너 공주님 같아."

소율이를 보자 이렇게 말해 준 남자 친구. 소율이는 하늘을 날듯 기뻤고 청바지에 티셔츠를 입고 온 다른 여자 친구들은 질투의 눈빛을 보냈어.

"야호! 이런 상쾌한 기분이란."

그런데 딱 여기까지가 행복의 끝이었어. 친구들이 놀이 기구를 신 나게 탈 때 소율이는 원피스가 구겨질까 봐 서서 구경만 해야 했거든. 정말 이렇게 거추장스러운 옷은 태어나 처음이야.

생일인 남자 친구와 나란히 놀이 기구도
타고 싶었는데, 원피스를 입고 탈 만한 놀이 기구
는 하나도 없었어.

결국, 다른 여자 친구들이 그 친구와 즐겁게 놀이 기
구 타는 걸 바라볼 수밖에 없었어.

그뿐인 줄 알아? 놀이공원 안의 사람들이 소율이를 무슨 동
물원 원숭이 구경하듯 쳐다보며 지나갔어. 게다가 어떤 꼬마가 예
쁜 원피스에 초콜릿 아이스크림까지 묻히고 말았다고.

소율이는 주저앉아 울고 싶었어. 살다 보면 어떠한 장소에 갈 때 꼭 갖추어
입어야 할 옷과 입으면 안 되는 옷이 있다는 것을 알게 될 거야.

놀이공원처럼 몸을 많이 움직여 활동하는 장소에 갈 때는 움직이기 좋고 간편한 옷차림이 좋겠지. 주로 청바지나 반바지에 티셔츠와 가벼운 점퍼나 후드 점퍼 차림 정도면 발랄한 어린이의 이미지를 살려 주고 뛰어놀기에도 좋아.

하지만 편하다고 해서 친척의 결혼식이나 졸업식, 집안 행사에 갈 때도 이런 차림으로 가면 예의에 어긋나는 일이야.

누군가를 축하해 주는 장소에 가려면 그에 맞는 격식이 필요해. 원래 정장 차림을 해야 예의지만 어린이는 가벼운 정장을 입는 게 좋아.

면바지에 재킷이나 셔츠를 입고 센스 있게 보타이를 해 주면 멋스러울 것 같아. 또는 디자인이 간단한 드레스나 원피스를 입거나 블라우스와 스커트 차림으로 단정하게 입으면 좋고.

또한, 운동이나 산책을 갈 때는 활동이 편한 기능성 운동복을 입는 것이 좋아. 기능성 옷은 특성에 맞게 고안된 옷으로 산에 갈 때는 등산복과 등산화를, 조깅을 할 때는 가벼운 운동복과 조깅화를 신으면 좋고, 친구들과 농구를 할 때는 농구화를 신으면 좋아.

하지만 이렇게 꼭 갖춰 입지 않더라도 활동하기 편한 옷이라면 괜찮아.

장소에 맞는 옷차림은 어떤 것인지, 깜짝 테스트를 해 볼까? 그럼 이제 그림을 보고 그림에 맞는 짝을 연결해 보자.

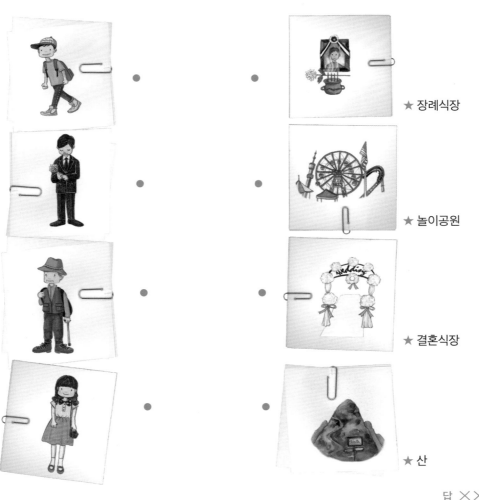

★ 장례식장

★ 놀이공원

★ 결혼식장

★ 산

답 ✕✕

내 몸을 커버하는 옷 입는 법

1

작은 키가 고민이야. 키가 커 보이고 싶어!

올림머리는 작은 키를 커 보이게 하는 데 효과적이야. 하지만 머리를 길게 늘어뜨리면 키가 더 작아 보이니 피하는 게 좋아.

쁘띠 스카프는 시선을 위쪽으로 분산시켜 주지.

큰 가방보다는 작은 가방을 드는 것이 좋아.

벨트는 허리선보다 살짝 위에 둘러 주는 센스.

미니스커트는 다리를 길어 보이게 해.

발등이 파인 구두를 신으면 다리를 더 길어 보이게 해 줘.

큰 옷깃의 옷을 입으면 몸이 작아 보여.

작은 가방보다는 큰 가방을 들면 몸이 작아 보여.

2

키가 너무 커서 걱정이야. 귀엽게 보이고 싶어!

바지는 긴 바지보다는 발목 위까지 오는 짧은 바지가 좋아.

발등을 가리는 낮은 굽 신발을 신어 봐.

3

통통한 몸매,
날씬해 보이고 싶어!

레이스 등이 없는 단정한 옷,
세로 줄무늬가 있는
원피스가 좋아.

가방은 어깨에 걸치기보다는
손에 드는 것으로 선택.

밝은색보다는
어두운색 스타킹이
다리를 날씬하게 보이도록 해.

스타킹과 비슷한 색의 신발을 신어서
다리와 발을 연결해 보이도록 하는 게 좋아.

4

너무 말랐어.
말라 보이는 게 싫어!

밝은 색상에 큰 무늬가 들어간 옷이 좋아.
스웨터 종류의 옷을 입어 봐.
하지만 너무 큰 옷은 피하는 게 좋아.

통통한 느낌을 주는 가방을 들어 봐.

풍성한 치마를
선택해 봐.

마른 다리를 가려 주는
부츠가 딱 좋아.

5

하체가 튼튼해,
다리가 날씬하면
얼마나 좋을까?

허리선이
강조된 옷을
입으면 좋아.

큼직한 물결 모양의 주름이 잡힌
러플 장식의 블라우스는 상체를
풍성하게 해서 상대적으로 하체를
날씬하게 해 줘.
거기에 포인트 리본 장식을 꽂으면
시선을 상체로 분산시켜 주지.

밝은색보다는
짙은 색상의 딱 맞는
일자 바지를 입어 봐.

바지와 같은 색상의
신발을 신으면 바지와 연결된
느낌이 들어 다리를 길고
날씬하게 보이게 해 줘.

6

상체가 튼튼해,
날씬한 상체로
만들어 줘.

몸과 팔이 분리된
디자인의 옷은 어깨를
작아 보이게 해 줘.

풍성한 주름치마를 입으면
시선이 하체로 가도록 해 줘.

화려한 신발을 신어 봐.
시선을 아래로 분산시켜서
튼튼한 상체를 가려 줄 거야.

옷이 바로
예의범절

'옷차림을 보면 그 사람이 얼마나 예의가 있는 사람인지 보인다'면 거짓말 같니?

선생님이 많이 편찮으셔서 병원에 입원하셨어. 친구들과 함께 병문안을 가기로 했는데 장례식에 가듯 머리부터 발끝까지 온통 검은색 옷을 입고 간다면 어떨까?

병문안은 아픈 사람을 위로하고 빨리 낫기를 격려하러 가는 것인데 마치 장례식에 가듯 우중충한 옷차림을 한다면 표정도 옷차림처럼 우울해질 거야. 그러면 아픈 선생님의 기분까지 우울해질지도 몰라. 산뜻한 색상의 과하지 않은 단정한 옷을 입고 가서 병을 이겨 내도록 힘을 드리는 것이 좋지 않을까?

이렇게 간단하지만 중요한 것이 모두 옷차림으로 보여 주는 예절이야.

이것은 앞에서 알아본 것과 같이 장소에 따른 옷차림에도 해당되지만, 같은 옷을 어떻게 입느냐 하는 문제도 될 수 있어.

어른들과 만나는 자리에서 몸에 너무 꽉 끼는 옷을 입어서 움직일 때마다 속옷이 보인다거나 지나치게 파이거나 짧은 옷을 입어서 움직임이 불편하다면 만남의 분위기도 서로 불편하겠지.

조선 시대 어린이 예절 지침서 《동자례》라는 책을 보면 "옷은 그 옷을 입은 사람을 설명해 주는 잣대와도 같다"고 했어.

만약 옷에 음식 얼룩이 있다면 그 사람은 덤벙대거나 조심성 없는 사람으로 생각될 테고, 또 바지에 흙이 잔뜩 튀었으면 걸음걸이가 바르지 않으며, 단추가 떨어지고 소매가 뜯어진 옷을 입고 있다면 게으르다고 생각할 수 있다는 거야.

예절에 맞는 좋은 옷이란, 비싼 상표가 아닌 깨끗한 옷을 말하는 거야. 상표와 상관없이 품질이 좋은 옷도 중요하겠지만, 진짜 좋은 옷은 때와 장소에 맞고 다른 사람의 눈살을 찌푸리게 하지 않는 단정한 옷이야.

장소에 맞게 단정하고 깨끗한 옷을 입는다면 꼭 비싼 옷으로 화려하게 꾸미지 않아도 예의 바른 옷잘러가 될 수 있단다.

여름에
오리털 점퍼를?

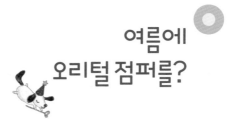

지난겨울 엄마가 내 마음에 꼭 드는 예쁜 오리털 점퍼를 사 주었어.

그 점퍼는 고가의 점퍼야. 한때 중고등 학생들에게 큰 인기를 끌었지.

난 겨우내 그 옷을 입으면서 친구들의 부러움을 샀지. 왠지 그 옷을 입고 나가면 모두 나를 쳐다보는 것 같은 우쭐한 기분이 들고, 거울 앞에 서면 평소보다 더 멋져 보이는 착각에 빠지지.

앞에서도 말했듯이, 비싸다고 다 좋은 건 아니야. 그러니 거울 앞에 선 자신이 멋져 보이는 건 어디까지나 나만의 착각인 게 분명해.

그런데 말이야, 계절이 바뀌어 봄, 여름이 되어도 그 비싼 오리털 점퍼를 입을 수 있을까?

물론 여전히 많은 사람의 시선을 받기는 할 거야. 더워서 비 오듯 땀을 흘리는 내 모습을 모두 다 신기하게 바라볼 테니까.

우리나라는 봄, 여름, 가을, 겨울, 사계절이 있지. 계절마다 기온이 달라서 입는 옷도 다르고 말이야.

봄과 가을에는 선선한 날씨에 맞추어서 얇은 긴소매 옷을 주로 입고, 여름에는 무더위를 견디기 위해서 얇고 짧은 반소매 옷을 주로 입지. 또 추운 겨울에는 두껍고 보온이 잘 되는 옷을 입어 추위를 막아야 해.

이렇게 옷은 계절과 날씨에 따라 맞게 입어야 하는 거야. 아무리 좋아하는 옷, 나와 잘 어울리는 옷이라도 계절에 맞지 않으면 입을 수가 없단다.

계절이 바뀌려고 하면 엄마는 옷장 정리를 해. 그동안 입었던 계절 지난 옷들을 깊숙한 곳에 넣어 두고 계절에 맞는 옷들을 꺼내서 정리하잖아.

이 모습을 잘 관찰해 보면 봄, 여름, 가을, 겨울에 알맞은 옷들을 쉽게 알수 있을 거야.

그럼, 계절을 대표하는 옷에는 어떤 것이 있을까?

★ **봄, 가을옷** 긴소매 티셔츠, 바람막이 점퍼, 트렌치코트, 카디건, 후드점퍼, 꽃무늬 바지

★ **여름옷** 반소매 티셔츠, 민소매 티셔츠, 반바지, 탱크톱, 민소매 원피스, 반바지

★ **겨울옷** 모직코트, 오리털 점퍼, 코듀로이 바지, 모직 스커트, 양모 스웨터

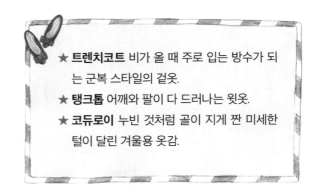

★ **트렌치코트** 비가 올 때 주로 입는 방수가 되는 군복 스타일의 겉옷.
★ **탱크톱** 어깨와 팔이 다 드러나는 윗옷.
★ **코듀로이** 누빈 것처럼 골이 지게 짠 미세한 털이 달린 겨울용 옷감.

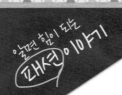
모피 때문에
동물이 죽고 있어요!

엄마 옷장을 열어 보면 혹시 모피라고 부르는 동물의 털로 만든 옷이 보이니?
그래, 모피는 따뜻하고 멋스러워서 겨울이면 항상 사랑을 받는 재료잖아. 그
값도 아주 비싸지. 너희 엄마도 가지고 있을지 몰라.

자, 지금부터 내 말을 오해하지 말고 들어 줘. 너희 어린이들이나 가족 개개인
간에도 각자의 생각이 다르듯이 이 세상에는 생각이 다른 사람이 많이 살고
있어.

모피를 좋아해 즐겨 입는 사람이 있지만, 모피를 입지 말자고 반대 운동을 하
는 사람도 있단다. 모피를 반대하는 이유는 뭘까?

모피는 동물의 몸에 나 있는 털이 재료라서 모피를 얻기 위해 죄 없는 동물들
이 목숨을 잃어야 하기 때문이야.

그리고 좀 더 좋은 모피를 만들기 위해 여우, 밍크, 너구리 같은 동물들을 몸
이 꽉 끼는 우리에 넣어 키우고 잔인하게 죽여서 그 털가죽을 얻는다고 해. 심
지어 최상급의 모피를 얻기 위해 산 채로 동물의 털가죽을 벗기는 잔인한 짓
도 서슴지 않는다지 뭐야.

044

동물도 우리 인간처럼 생명을 가지고 태어나
함께 살아가는 존재인데 인간의 욕심
으로 잔인하게 죽임을 당하고 그
털가죽을 빼앗긴다면 얼마나
불공평한 일이겠어.
대부분 사람은 이런 생각을
차마 하지 못하고 모피를
입을 거야. 하지만 요즘은
모피 반대 운동도 많이 일
어나고 뜻을 함께하는 사람
이 많아지고 있어.
모피는 없어서는 안 될 생활에
꼭 필요한 것이라기보다 멋이나 사치를
위해 필요한 경우가 대부분이거든. 모피가 없어도
인간은 충분히 잘 살 수 있다는 뜻이지.
내 이야기에 반대하는 사람이 있을지 몰라. 하지만 우리 어린이들은 귀여운
동물을 입는 것보다 안고 보듬어 주는 것이 더 따뜻한 일이라는 것을 알았
으면 해.
모피를 입는 사람이 무조건 나쁘다는 이야기를 하는 것은 아니야.
난 너희가 모피, 동물의 털을 사랑하기보다 생명을 사랑하는 어른으로 자랐으
면 좋겠다는 생각을 하는 것뿐이란다.

남자들은 치마를 입어서는 안 되고,
분홍색도 입으면 이상하고,
남자다운 옷은 푸른색 계통의 옷이다.
이런 생각을 가지고 있다면
너희는 벌써 옷에 대한 편견이 있다는 거야.
옷잘러가 되기 위해서는
이런 편견부터 깨야 해.

3장

전통 옷에는 문화가 꽁꽁!

치마 입는 남자

다리가 다 보이는 미니스커트, 발목까지 오는 긴 치마, 걸을 때마다 살랑거리는 주름치마 등등. 이렇게 다양한 치마를 입은 다리털이 북실북실한 남자들이 거리를 돌아다닌다고 생각해 봐. 어떻겠어? 생각만으로도 이상하지.

아빠가 치마를 입고 출근을 하고 할아버지가 치마를 입고 운동을 가고 삼촌이 치마를 입고 학교에 간다면, 정말 그 모습은 웃을 수도 울 수도 없는 난감한 모습일 거야.

그래. 남자들이 치마를 입고 다닌다는 것은 누가 생각해도 이상해.

하지만 분명히 남자도 치마를 입었던 적이 있고, 치마를 입어야 더 예의를 갖춘 모습이라고 생각했던 때가 있었단다.

그저 '치마는 여자들이나 입는 옷이다' 라는 생각이 우리 머릿속에 고정되어서 그 모습을 이상하게 보는 것은 아닐까?

그런 생각을 편견이라고 하지. 남자들은 치마를 입어서는 안 되고, 분홍색도 입으면 이상하고, 남자다운 옷은 푸른색 계통의 옷이다. 이런 생각을 가지고 있다면, 옷에 대한 편견이 있다는 거야.

옷잘러가 되기 위해서는 이런 편견부터 깨야 해.

그렇다고 남자 어린이들에게 분홍색 치마를 입고 학교에 가라는 얘기는 아니야.

남자가 치마를 입지 못할 것도 없다는 깨인 생각을 해 보자는 거란다.

남자 옷,
여자 옷이
따로 있어요?

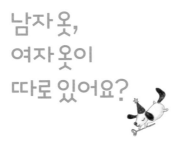

남자가 진짜 치마를 입었던 때가 있긴 한 거냐고?

그럼. 내가 무엇 때문에 너희에게 있지도 않은 이야기를 하겠어. 믿기 어렵 겠지만 정말 그런 나라가 있어. 그것도 여러 나라에서 지금도 남자들이 치마 를 입고 있단다.

스코틀랜드, 인도, 아랍, 피지 등등.

스코틀랜드의 남자들은 킬트라는 전통 의상을 입는데 이것은 타탄이라고 하는 체크무늬 천으로 만든 스커트야. 이것은 무릎까지 오는 길이에 주름이 잡힌 스커트로 여러 가지 체크무늬로 되어 있는데, 이 체크무늬가 가문을 상 징하는 문양이기도 하고 계급을 나타내는 표시라고도 해.

그리고 인도나 아랍의 남자들은 세찬 모래바람을 막기 위해 긴 치마를 입 는 것이 평상복이고, 피지의 남자들은 더위를 이겨 내려고 바지보다 바람이

잘 통하는 치마
를 입는대.

더 거슬러 올라
가면 중세 시대
서양의 무사들
은 미니스커트
처럼 짧은 치마
를 입고 스타킹을
신었어. 가끔 영화
에서 본 기억은 없니?
긴 칼을 들고 멋지게 싸
우는 무사가 스타킹에 치
마를 입은 모습을 말이야.
반면에 그 영화 속 여자들의
옷차림은 어땠니? 발도 안 보
이는 긴 치마를 입고 있잖아.

그때는 무사의 용맹한 모습
이 바로 짧은 치마에 스타킹을
신은 모습이었을 거야.

어때? 세월이 지나고 문화
가 변화하면서 치마는 여자

들만의 옷이 되었지만, 그것도 하나의 편견이라는 것을 이젠 알겠니?

맞아. 바로 그러한 편견을 깨야 진정한 옷잘러가 될 수 있는 거야. 꼭 치마가 아니라도 남자 어린이가 분홍색 재킷을 입거나 여자 어린이가 보타이를 매보는 것도 신선한 패션이 될 수 있어. 어때? 이런 파격적인 패션도 근사할 것 같지 않아?

세계 여러 나라에는 각 나라를 대표하는 전통 의상이 있어.

전통 의상은 오랜 세월 그 나라 사람들이 만들어 입고 변화시킨 옷으로 전통 의상을 보면 그 나라의 문화를 엿볼 수가 있단다.

먼저 우리 조상들은 어른과 아이, 남자와 여자, 양반과 천민 등 신분의 높고 낮음에 대한 구분이 뚜렷했는데, 예를 들면 같은 이름의 저고리라고 해도 남자와 여자, 아이의 저고리 모양이 각기 다르고 색깔 또한 차이가 있었지. 물론 입는 순서와 예법도 다르고 말이야.

그럼, 다른 나라는 어땠을까? 우리 조상들이 신분의 높고 낮음이 있었듯이 인도에도 카스트caste라는 신분 제도가 존재했어.

그런데 이 신분 제도는 문화뿐 아니라 의상에도 영향을 끼쳤대. 높은 신분의 사람은 천한 신분을 가진 사람이 바느질한 옷은 절대로 입지 않았대. 그래서 인도의 높은 신분의 사람들은 바느질 하지않은 옷을 입었지.

바로 이렇게 해서 탄생한 옷이 인도의 전통 의상인 사리야. 바느질을 하지 않고 큰 천을 몸에 둘둘 감아서 입는 옷이지.

사람을 귀한 신분 천한 신분으로 나누는 건 정말 이상한 일이잖아. 그런데 옛날 사람들은 "인간은 평등하다"는 말을 몰랐나 봐. 그래서인지 인도나 우리나라 말고도 많은 나라에서 옷으로 사람의 신분을 나눴어.

잘 생각해 봐. 우리나라 사극 드라마를 보면 왕이 입는 옷과 양반이 입는 옷 그리고 일반 백성이 입는 옷이 다르잖아. 옷으로 신분을 나눴다니, 정말 치사한 시대였어. 그런데 아직도 신분을 나눠서 차별하는 나라가 남아 있다고 하니 놀라운 일이지?

이웃 나라 일본의 대표적인 전통 의상인 기모노를 보면 한 폭의 그림처럼 화려한 무늬를 볼 수 있는데, 우리처럼 사계절이 뚜렷한 일본에서는 기모노로 계절을 표현했대.

겨울에는 깃털 모양의 무늬에 매실 무늬를 수놓은 기모노, 꽃이 피는 봄에는 벚꽃 무늬, 여름에는 나팔꽃 무늬에 금 물고기 등등. 기모노를 보고 있으면 일본인들이 아기자기하고 화려한 것을 좋아하는 민족이라는 것을 알 수 있어.

또한, 네덜란드는 꽃이 많은 나라기 때문에 옷에 유난히 꽃무늬가 많이 들어가고 농부들이 일할 때 신던 튼튼한 신발인 나막신이 전통 의상의 중요한 부분이 되기도 했지.

이 밖에도 각 나라의 전통 의상은 시대의 흐름에 따라 변화하면서 그 나

라 사람들의 생활 모습에 성품과 생각이 보태지고 발전하는 동안 그들만의
독특한 문화를 담게 된 거야.

베트남

베트남의 여자들은 '아오자이'라는 몸에 딱 붙는 옷을
입는데. '아오'는 윗옷, '자이'는 길다는 뜻인데, 말 그대로 아
오자이는 긴 윗옷이야. 거기에 바지를 같이 입어.

인도, 말레이시아, 인도네시아, 스리랑카

인도에는 '사리'가 있고 말레이시아, 인
도네시아, 스리랑카에는 '사롱'이라는 것이

있어. '사롱'은 치마처럼 남녀 구분 없이 허리에 둘러 입는 옷
으로 '사리'나 '사롱' 모두 완벽하게 옷의 형태가 있는 것이
아니라 몸에 둘러 입는 형식이라는 비슷한 점이 있어.

중국

중국에서는 옷깃이 목까지 올라오고 몸에 붙는 '치파오'라는
옷을 입는데 여자들의 치파오도 원래는 활동하기 편한 통자 스
타일의 헐렁한 옷이었지만 서양의 문화가 합쳐지면서 오늘날의
몸에 붙는 치파오가 되었다고 해. 치파오의 특징은 옆선을 터서
걸을 때 다리가 보이는 디자인이야. 몸에 딱 붙는 원피스형의 옷

이라 걸어 다닐 때 종종걸음을 걷게 되니까 옆선을 튼 거야.

남아메리카

멕시코 같은 남아메리카에서 입는 옷인 '판쵸'는 총잡이가 나오는 옛날 서부 영화를 보면 많이 등장하는 옷이야. 사각형 모양의 천 가운데 머리를 넣는 구멍이 뚫린 옷이야.

남아메리카는 낮과 밤의 기온 차이가 심했는데, 기온이 바뀔 때마다 옷을 갈아입어야 해서 판쵸는 아주 편리한 옷이었어.

영국

오랜 전통을 자랑하는 영국의 의상은 앞에서 말한 체크무늬 치마야. 바로 스코틀랜드식의 '킬트'라고 하는데, 킬트는 세로로 주름이 잡힌 무릎까지 오는 치마를 말해.

미국

미국은 이민자들이 만든 나라여서 역사가 짧아. 하지만 이곳 미국에도 전통 의상이 있어. 그것은 처음 미국을 발견하고 이곳으로 이민 와 살기 시작한 사람들, 카우보이의 복장을 전통 의상으로 볼 수 있어.

이렇게 전통 의상을 살펴보니 대부분의 나라 사람들이 현재는 전통 의상을 입고 생활하지 않는 것을 볼 수 있어. 결혼식 같은 특별한 날에나 입는 옷으로 밀려나고 말았지.

그 이유가 전통 의상이 현대 생활에 맞지 않고 불편하기 때문일 거야. 하지만 민족의 특성이 담긴 아름다운 전통 의상이 우리의 생활에서 사라진다는 것은 안타까운 일이야.

우리도 명절에만 한복을 입지 말고 가끔 한복을 입고 다니는 날이 있으면 얼마나 좋을까?

밸런타인데이에 초콜릿을, 화이트데이에 사탕을, 로즈데이에 장미를 선물하듯이 한복의 날을 국경일로 정해서 그날은 한복이나 장신구를 선물하고 한복을 입고 참여하는 행사가 성대하게 열린다면 참 재미있지 않을까?

그저 이렇게 상상에만 그쳐야 하는 것이 좀 아쉬워.

우리 옷 한복은 어떻게 입어야 할까?

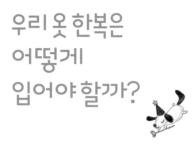

너희가 약 300년쯤 전에 태어났다면 어떤 모습일까? 잠시 눈을 감고 타임머신을 탔다고 생각해 보자. 숫자 판을 1700년대로 고정시켰어.

출발 버튼을 눌러. 슝!

눈 깜짝할 사이에 시간 이동을 했어. 지금은 조선 시대야.

여자 어린이들은 곱게 쫑쫑 땋은 머리끝에 예쁜 댕기를 드리고 알록달록 비단 저고리와 치마를 입고 있을 테고, 남자 친구들은 한복 위에 전복을 입고 복건을 쓴 도령의 모습일 거야.

물론 그 당시만 해도 계급이 나뉜 사회였으니까 양반이었던 친구들의 모습이 이렇다는 것인데. 묻지도 따지지도 말고 우리 모두 양반이라고 생각하고 이야기를 계속해 보자. 지금 우리가 명절에 입는 화려한 한복은 그 당시 양반들이 입었던 옷이니까.

우리의 전통 한복은 단지 옷의 기능뿐 아니라 여러 가지 의미를 가지고 있는 우수한 옷이야. 한복은 선과 색을 고려한 아름다움을 가지고 있는 옷이며, 서양 옷처럼 몸을 답답하게 조이지 않아 건강도 고려했고, 남자의 경우 바지 대님을 묶고 풀면서 하루를 계획하고 반성하는 철학도 가지고 있는 옷이야.

자, 조선 시대에 온 너희가 직접 한복을 입어야 해. 방법을 모른다고?

지금부터 방법을 알려 줄게. 차근차근 따라 해 보자.

먼저 여자 어린이부터 한복을 입어 볼까? 여자의 경우 속바지, 버선, 속치마 순으로 입고, 겉치마를 입는데, 이때 겉치마 자락이 왼쪽으로 오도록 하며 앞쪽이 들리지 않게 아래로 당겨 입어야 해. 겉치마를 입은 후에 속저고리와 겉저고리를 입고 옷고름을 매주면 아름다운 한복 입기가 끝나지.

다음은 남자 어린이 차례. 남자의 경우는 바지가 두 폭으로 나뉘어 있는데 큰사폭이 오른쪽으로, 작은사폭이 왼쪽으로 가게 입고 허리띠로 허리를 잡아매면 돼. 오른쪽에서 왼쪽으로 여며야 해.

그리고 발목의 바짓부리를 발목에 맞게 접은 뒤 끈으로 두어 번 감아 복사뼈에서 안쪽으로 묶으면 돼. 그런 다음 저고리를 입고 고름을 매지. 저고리 위에 조끼를 입고 마고자를 입고 정장 차림을 하려면 그 위에 두루마기라는 코트 같은 옷까지 입어야 해.

잘 따라 입었니? 예쁜 아가씨와 의젓한 도련님으로 변신 성공했지?

조선 시대로 가서 한복을 입어 보니 참 복잡하기도 하지? 급할 때 서둘러서 입지 못하는 옷이 한복인 것 같아.

여자 한복 입기
순서

1 속바지

2 속치마

3 버선

4 치마

5 저고리

● 한복을 입을 때는 겉치마자락을
  왼쪽으로 당겨서 입습니다.

남자 한복 입기
순서

1 바지

2 저고리

3 버선

4 대님

7 두루마기

6 마고자

5 조끼

- 내의를 입고 한복을 입습니다.
- 바지를 입을 때 앞 중심에서 왼쪽으로 주름이 가도록 접어 허리 둘레를 조절해 주세요.
- 버선을 신은 다음 버선이나 양말을 신고 대님을 칩니다.
- 조끼를 입을 때는 밑으로 저고리가 빠지지 않도록 해 주세요.

그런데 옷이 이렇게 복잡한 데는 깊은 뜻이 있어. 하나하나 순서에 맞게 입으면서 몸가짐을 바르게 하고 여유로운 마음을 가지라는 선조들의 깊은 지혜 말이야.

자, 1700년대로 시간 여행 가서 한복을 곱게 차려입은 아가씨와 도련님! 이젠 명절 때 한복 입기 어려워서 쩔쩔매는 일은 없겠지?

그럼 다시 옷잘러가 되기 위해 현재로 돌아가야겠다. 숫자판을 내가 살고 있는 현재로 맞추고 출발 버튼을 누르자. 슝!

옛날에는 평상복으로 입던 한복. 요즘은 명절 때 말고 또 언제 입을 수 있을까?

너희 어린이 같은 경우에는 학교에서 한복을 입고 오라는 경우도 있지?

예절 교육이나 생일잔치에 한복을 입는 학교도 있더라고. 또 언제가 있을까?

명절이나 결혼식, 돌잔치, 환갑잔치 같은 크고 중요한 행사에 입기도 하지.

그렇다면 왜 중요한 날 한복을 입는 걸까? 한복이 우리에게 도대체 어떤 의미이기에?

한복은 우리나라의 예복禮服이야. 한자로 예의 '예'와 옷 '복'을 쓰지. 예복은 말 그대로 '예의를 지키는 옷'으로 축하하거나 축하받을 만한 행사에 예의를 갖추어 입던 옷이고 그게 한복이었지.

시대가 변하고 아무리 화려한 현대 옷이 많이 생겼다고 해도 결혼식 때 신랑 신부는 한복을 입고 폐백이란 걸 해. 폐백은 신부가 신랑의 가족에게 처음 정식으로 인사드리는 예식을 뜻해. 이때 신랑 신부의 어머니도 한복을 곱게 차려입지.

또 돌잔치의 아기들은 색동 한복을 입고 알록달록 오방색의 주머니가 달린 돌띠를 허리에 매어서 아프지 말고 오래 살기를 기원한단다.

이처럼 기쁜 날 한복을 입는 것은 그 기쁨을 기념하고 함께 나누자는 데 의미를 두어 축하하기 위해서라고 할 수 있어.

한복은 오랜 세월 동안 우리 민족의 기쁨을 함께한 옷이기 때문에 앞으로 너희 어린이에게도 우리의 아름다운 한복이 기쁜 날, 즐거운 날 입는 기쁜 옷, 즐거운 옷이었으면 좋겠어.

장난으로 만들어진
기적의 섬유, 나일론

1938년 미국의 어느 거리. 수많은 여인이 줄을 서서 무엇인가를 사려고 기다리고 있었어.

"어머! 거기 아가씨 밀지 좀 마세요."

"아니, 아줌마, 난 새벽부터 와서 기다렸는데 끼어들면 어떡해요!"

혹시나 내 앞에서 물건이 똑 떨어지면 어쩌나 싶어 모두 초조한 마음으로 신경전을 벌였지.

여자들이 애타게 기다리는 것이 무엇일까? 바로 최초의 합성섬유인 기적의 섬유 나일론으로 만든 스타킹이었어.

물론 오래전부터 스타킹은 있었지. 하지만 동물의 털이나 식물 등으로 만든 천연섬유 스타킹은 찢어지기도 쉽고

쉽게 더러워지곤 했는데, 이 나일론으로 만든 스타킹은 보들보들한 감촉에 쭉쭉 늘어나는 놀라운 신축성을 가지고 있어서 여자들에게는 기적 같은 물건이었어.

심지어 스타킹을 빨리 신어 보고 싶은 마음에 창피함도 잊은 채 너도나도 길거리에 주저앉아 스타킹을 신어 보기도 했대. 생각해 보면 참 우습지?

이 놀라운 섬유 나일론을 만든 사람은 캐러더스라는 화학자였어. 합성섬유를 연구하던 캐러더스가 잠시 외출한 어느 날, 심심해진 연구원들이 장난을 쳤지.

"누가 더 긴 줄을 만들 수 있을지 내기할까?"

한 연구원이 개발 중이던 합성섬유 재료를 유리 막대에 콕 찍어 공중으로 휘저으며 말했어.

"좋아. 지는 사람이 연구실 청소를 하기로 하자."

다른 연구원들도 재료를 유리막대에 찍어 공중으로 휘저었지.

그러자 연구원들이 든 유리 막대에서 거미줄처럼 얇은 실이 나오지 뭐야. 외출했다가 돌아온 캐러더스가 이 모습을 보았고 기적의 섬유라고 불리는 나일론을 만들게 되었어.

누에벌레와 누에고치로
비단을 만든다.

나일론 옷은 "석탄과 공기와 물로 만든 합성 실크"라는 설명을 달고 불티나게 팔려나갔고 2차 세계 대전이 일어나자 비행복과 낙하산의 재료가 되기도 했지.

나일론이 나오면서 패션계에는 커다란 변화가 시작되었어. 그때까지 옷을 만들려면 목화를 심거나 누에를 기르거나 해서 천연으로 실을 뽑아서 만들어야 했거든.

목화 솜으로는 면 등을 만든다.

그러니 농사를 망치거나 수확량이 적을 땐 옷감을 구하기가 힘들고, 천연으로 얻어 내다 보니 재료를 충분히 구할 수가 없었단 말이야.

하지만 나일론은 화학 재료를 가지고 얼마든지 만들 수 있는 옷감이라 대량 생산이 가능해졌지.

그 뒤 화학자들은 새로운 섬유를 개발하는데 박차를 가했단다. 이런 이유로 패션의 역사를 나일론의 탄생 전과 탄생 후로 나누기도 해. 이 기적의 섬유가 연구원들의 장난에서 생겨난 것이라니 놀랍고 재미있지 않니?

아이돌 패션을 따라하고 싶다면
포인트 한 가지를 잡아서
나만의 스타일로 입어 보는 거야.
운동화면 운동화, 모자면 모자, 스카프면 스카프.
이런 한 가지 패션의 특징을 잡아서 따라 입어 보자.
아이돌들은 유행을 만들거나 앞서가는
옷잘러들이니까, 살짝만 따라 입어도
충분히 옷잘러 소리를 듣게 될 거야.

4장

옷잘러 따라 잡기

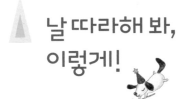

날 따라해 봐, 이렇게!

자, 여기까지 옷잘러가 되기 위한 기본을 배웠어.

기본 과정을 통과했으니, 이제 본격적으로 옷잘러로 가는 법을 알아볼까?

먼저 우리 반을 생각해 보자. 누구를 옷잘러라고 이야기할 수 있을까? 네가 패션 감각을 본받고 싶은 친구는 누구니?

언제나 깔끔한 티셔츠에 청바지나 진한 색 면바지를 입는 반장 이준희가 옷잘러일까?

준희는 좀 모범생 스타일이구나. 그렇다면 아이돌처럼 염색한 머리에 찢어진 바지, 꽃무늬 재킷을 입고 다니는 인기 많은 조연후가 옷잘러일까?

그것도 아니면 백화점 마네킹들과 똑같은 신상품 옷만 입는 송소윤이 옷잘러일까?

하지만 소윤이처럼 너도나도 항상 새로운 옷을 살 수는 없는 일이잖아.

자, 그렇다면 너희 주위에 평범하고 누구나 가지고 있을 만한 옷을 멋스럽게 입는 친구를 떠올려 봐. 그 친구가 어떻게 옷을 입는지 기억하고 있다가 티 나지 않게 따라 입어 보는 건 어떨까? 모방은 창조의 어머니라는 말도 있잖아.

옷 잘 입기로 소문난 옷잘러 친구들을 따라 입다 보면 옷 잘 입는 법을 스스로 배울 수도 있거든. 또 모르는 일이지. 옷잘러 친구를 따라하다가 옷잘러를 따라잡게 될지도 말이야.

단점을 극복하는 마술 코디법

1 내 얼굴형에는 어떤 스타일이 어울릴까?

동그란 얼굴

(O) 목이 V모양인 V넥 옷은 얼굴을 갸름하게 보이게 해 줘.

(X) 라운드 모양은 동그란 얼굴을 더 동그랗게 보이게 하니 피해야 돼.

긴 얼굴

(O) 옆으로 넓게 파인 보트 넥은 얼굴을 덜 길게 보이도록 해.

(X) 깊게 파인 U넥은 얼굴을 더 길어 보이게 해.

역삼각 얼굴

(X) V넥은 얼굴을 더 뾰족하게 하니
피해야 돼.

네모 형

(X) 네모 형은 각진 스퀘어 넥을 피해야 돼.
얼굴을 더 각이 져 보이게 하거든.

날씬해 보이는 네크라인 3총사

V넥   U넥   스쿠프넥

---

2 키가 커 보이는 법은 없을까?

얼굴이 작아 보여야 몸의 비율이 멋지게 보
여. 그림을 보면 둘이 같은 키인데 얼굴의 크
기 차이로 키가 작아 보이기도 하고 커 보이
기도 하지? 만약 실제 키가 작은 친구지만 키
가 커 보인다면, 아마 얼굴이 작아서일 거야.
이제 우리도 비율을 이용해 키 커 보이는 코
디를 배워 보자.

시선은 위쪽으로 집중시킬 것.

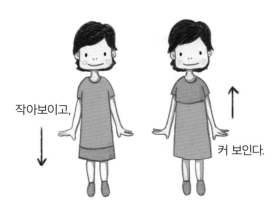

작아보이고,

커 보인다.

컬러로 통일감을 준다.

컬러가 제각각이면
비율이 그대로여서
작아 보인다.

비슷한 컬러로 위아래를
통일하면 키가 커 보인다.

같은 디자인 색다른 느낌.

무늬가 크면 상대적으로
키가 작아 보여.

무늬가 작으면
키가 조금 더 커 보여.

무늬는 작은 것으로!

비율을 알 수 없게 해 주는 적당한
크기의 가로 줄무늬가 키가 커 보여.
단, 무늬가 너무 촘촘하면 뚱뚱해
보일 수 있어.

큰 무늬는 면적으로 보여서
키가 작아 보여.

길이가 작아도 작아 보여.

층층이 색이 다르면
키가 작아 보여.

층층이 나뉘었다고 해도 색에
통일감이 있다면 길이가 길어 보여.

아이돌 패션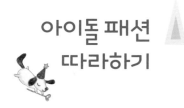
따라하기

너희 어린이들에게 가장 관심받는 인물은 누구니?

아무래도 텔레비전에 멋진 모습으로 등장해서 춤과 노래를 보여 주는 아이돌 스타가 아닐까 생각해.

요즘 보면 방금 텔레비전에서 튀어나온 듯한 아이돌 스타처럼 옷을 입고 다니는 멋쟁이 친구들도 있더라고. 너희 친구들 중에서도 그런 친구들이 있지?

어때? 멋지게 보이니?

어린이뿐 아니라 어른들 사이에서도 아이돌 스타들의 패션은 화제가 되기도 해.

아이돌 스타가 신은 운동화는 없어서 못 팔 정도고, 아이돌 스타가 공항에 메고 나온 가방이 인터넷에 알려지면서 순식간에 품절되는 놀라운 상황이 일어나기도 하거든.

그러고 보면 어린이뿐 아니라 어른들이 연예인 패션에 관심이 더 많은 것 같아. 그렇지?

그래, 좋아하는 아이돌 패션을 따라하면서 마치 나도 그 아이돌과 같은 그룹의 멤버가 된 듯 우쭐한 기분도 느끼고 친구들의 관심도 받으면 좋을 거야.

하지만 연예인들이 입고 나오는 옷은 대부분 비싼 제품들로 협찬을 받아 빌려 입는 경우가 많거든. 그러니 어린이들이 입기에는 알맞지 않은 옷들이 대부분이야. 엄마한테 똑같은 제품을 사 달라고 졸랐다간 혼만 날지도 모른다고.

그렇다면 귀여운 따라쟁이가 되면 어떨까?

아이돌이 배기 바지를 입고 나왔다면, 너희는 어린이들을 위해 만들어진 활동이 편하고 귀여운 배기 바지를 입으면 되는 것이고. 발목까지 올라오는 명품 하이탑 운동화를 신었다면, 저렴한 하이탑 운동화로 멋을 내면 되는 거야.

솔직히 어른들의 옷을 그대로 줄여 입은 것 같은 패션은 어린이들에게 부담스럽고 어울리지 않아.

만약 어른들이 주로 입는 반짝이가 많이 들어간 무대 의상 같은 옷을 활동이 많은 너희가 입으면 피부가 쓸리거나 움직이기 불편할 테고, 이런 부담스러운 옷이 멋있게 보이기는 어려울 거야.

아이돌 패션을 따라하고 싶다면 전에 말한 포인트 한 가지를 잡아서 어린이에게 어울리는 나만의 스타일로 입어 보는 거야.

운동화면 운동화, 모자면 모자, 스카프면 스카프. 이런 한 가지 패션의 특징을 잡아서 따라 입어 보자.

아이돌은 유행을 만들거나 앞서가는 옷잘러들이니까, 살짝만 따라 입어도 충분히 옷잘러 소리를 듣게 될 거야.

같은 옷 다른 느낌

원피스의 색다른 변신

평범한 원피스 어떻게 변신할까?

청재킷과 레깅스를
추가하면
새로운 느낌이지?

청재킷 소매를 한 번 접어 올리고,
목걸이와 가방에 포인트를 주면
색다른 옷의 탄생!

머리 스타일을 바꾸고
벨트와 스카프를 하니,
상큼한 소녀로 변신되었네!

체크 셔츠와 청바지의 변신

평범한 체크 셔츠와 청바지, 어떻게 변신할까?

보타이와 카디건을 추가해 보자.
이때 청바지를 살짝 접어 올리고
로퍼를 신으면 단정하고
멋스런 남자로 변신!

셔츠 안에 흰 티셔츠를 입고 단추를 살짝 풀어 주었어.
소매를 접어서 올려 주고 바지 주머니에 키홀더를
추가하면 좀 더 밝고 경쾌한 남자로 변신.

영원한 기본 아이템 청바지

네 옷장에는 청바지가 몇 벌이나 있니? 아무리 옷이 없는 친구라도 청바지 서너 벌쯤은 가지고 있을 거야.

청바지는 참 신기한 옷이라고 생각해. 같은 이름의 청바지지만 입는 사람에 따라 그저 그런 평범한 옷이 되기도 하고 세계적으로 유행하는 멋진 옷이 되기도 하잖아. 멋쟁이들의 패션에 기본이 되는 아이템, '기본템'이고 말이야.

굳이 애써 치장하고 장신구를 두르지 않아도 청바지에 티셔츠 하나만 입어도 예쁜 친구들이 있잖아. 이런 친구들이 바로 옷잘러라고 할 수 있지.

청바지에도 종류가 아주 많아. 청바지의 기본형인 일자바지가 있고, 몸에 딱 붙는 스키니진, 바지 밑단이 나팔처럼 퍼진 나팔바지, 무릎 부분에서 자연스럽게 살짝 통이 넓어지는 부츠컷 청바지, 바짓단을 접어 올린 롤업 청바지, 엉덩이는 크고 발목으로 갈수록 통이 좁아지는 배기 청바지, 부분부분 자연

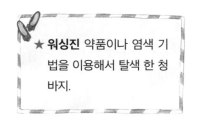

★ **워싱진** 약품이나 염색 기법을 이용해서 탈색한 청바지.

스럽게 물을 뺀 워싱 청바지 등등. 청바지의 종류는 참으로 많아. 너희가 가지고 있는 청바지도 보면 조금씩 스타일이 다른 바지일 거야.

청바지도 우리 몸, 체형에 따라서 잘 골라 입으면 더 멋져 보일 수 있다는 사실을 아니?

무조건 유행하는 청바지라고 마른 아이, 뚱뚱한 아이, 키가 작은 아이, 큰 아이 모두 자신의 체형을 생각 안 하고 입는다고 다 멋져 보일까?

키가 크고 날씬한 친구들은 어떤 모양의 청바지를 입어도 다 멋지겠지만 우리가 모두 그런 체형은 아니잖아. 그렇다고 걱정하거나 실망하지 마. 청바지를 잘 골라 입으면 놀라운 효과를 체험할 수 있을 테니까.

키가 작은 친구들은 바짓단이 넓어지는 부츠컷이나 세로로 절개선 또는 굵은 바느질 모양이 있어서 하체가 길어 보이는 청바지를 입으면 다리가 길어 보여.

또 통통한 친구들은 부분부분 물이 빠진 워싱 청바지를 입어서 시선을 여러 곳으로 가도록 해 주는 것이 좋은데, 스스로 뚱뚱하다며 통이 넓고 커다란 바지를 입는다면 다리를 더 짧아 보이게 하니까 조심해야 해.

그럼 청바지는 어떻게 입을 때 예뻐 보일까?

청바지 코디법의 가장 기본은 흰색 티셔츠와 함께 입기야. 청바지 위에 깨끗한 흰 티셔츠를 입으면 남자 친구나 여자 친구 모두에게 단정하면서도 밝은 느낌을 줄 수 있지.

이런 스타일이 단순하다고 생각되면 무늬가 있거나 워싱이 들어가거나 찢어진 청바지를 입어 주면 더 멋스러운 스타일이 완성될 거야.

그리고 청바지 위에 깔끔한 정장 재킷이 있다면 함께 입어도 좋아. 학교에 갈 때 입어도 만점이고 살짝 예의를 차려야 하는 장소에 갈 때도 단정하고 멋스럽게 보일 수 있지.

또 아주 오래전부터 유행이 돌고도는 청+청 패션! 청바지 위에 청 남방이나 청재킷을 입어 주는 방법은 어떨까? 하지만 많이 어색할 수도 있으니 그럴 때는 각기 색깔이 다른 청바지와 청 남방을 입는 것도 좋겠지.

내 몸에 맞는 단짝 청바지를 찾아라!

키가 작은 아이

키가 큰 아이

다리가 짧아요!

통통해요!

말랐어요!

다리가 길어요!

짧은 청 반바지

부츠컷 청바지

일자바지

스키니진

마른 아이　　　　　　　　　　　　**통통한 아이**

다리가 휘었어요!　　종아리가 얇아요!　　허벅지가 두꺼워요!　　엉덩이가 커요!

통 넓은 청바지　　　롤업 청바지　　　어두운 색의 워싱 청바지　　　배기 청바지

천막 장사꾼이 만든
최고의 바지

청바지 하면 가장 먼저 떠오르는 전설적인 상표 리바이스!

리바이스는 여러 회사의 수많은 청바지가 유행하고 사라지고 하는 긴 시간 동안에도 항상 꾸준한 사랑을 받아 온 상표야.

이것은 이 상표가 청바지의 원조기 때문이기도 해.

원조? 원조라는 말 많이 들어 봤을 거야. 특히 원조 감자탕, 원조 할머니 족발, 원조 순댓국 등 우리가 식당 이름에서 주로 많이 보게 되는 이 원조라는 말, 이것은 어떤 것을 처음 시작했다는 뜻이야.

한때 미국에서는 금광이 유명하던 때가 있었어. '골드러시'라고 부르던 그 시절 미국에는 금을 캐려는 사람들이 줄을 이었어.

이때 광산을 다니면서 광부들이 타는 마차의 천막에 덮는 천을 팔던 천막 장사꾼 중에 리바이 스트라우스라는 사람이 있었어. 그는 광부들과 가까이 지내면서 광부들이 입는 바지가 약해서 금방 찢어지고 불편을 준다는 것을 알게 되었지.

"에잇! 이놈의 바지. 좀 질기고 편한 바지가 있었으면 좋겠어."

광부들의 불평을 들으면서 리바이 스트라우스는 생각했어.

'어떤 옷감으로 바지를 만들어야 광부들이 좋아할까?'

고민을 했지만 그 당시에는 지금처럼 좋은 옷감들이 많지 않았어. 이것저것 옷감을 가져다 바지를 만들었지만, 광부들의 마음에 쏙 드는 바지를 만들 수가 없었지. 포기할 때쯤 리바이 스트라우스는 자기의 마차에 쌓인 무엇을 보게 된 거야.

"그래! 꼭 옷감으로만 바지를 만들라는 법은 없잖아!"

리바이 스트라우스가 생각해 낸 것은 바로 자신이 팔던 천막 천이었어.

놀랍게도 질긴 천막 천으로 만든 바지는 광부들의 작업복으로 그만이었지 뭐야. 잘 찢어지지도 않고 아주 튼튼했어. 험한 일을 하는 광부들에게 딱이었지.

그 바지가 광부들에게 큰 인기를 끌자, 리바이 스트라우스는 천막 천 대신에 굵은 무명실로 짠 옷감으로 바지를 만들었고 뱀을 쫓아내는 효과가 있다는 파란 물감을 들여서 본격적으로 청바지를 만들게 되었단다.

그 후에 제임스 딘이라는 미국의 인기 배우가 청바지와 당시에는 사람들이 속옷으로 여겼던 흰색 티셔츠를 함께 입고 나와 유행을 시키면서 오늘날까지 청바지와 티셔츠가 인기 있는 거야.

바로 그 천막 천으로 바지를 만든 리바이 스트라우스가 청바지로 유명한 리바이스라는 회사를 만든 사람이야. 청바지의 역사, 정말 놀랍지 않니?

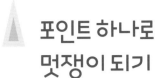

포인트 하나로
멋쟁이 되기

진짜 멋쟁이들을 잘 살펴보면 남들과 같은 옷을 입어도 다르게 보이는 이유가 있단다.

청바지나 면티 등의 기본템에 포인트를 주는 놀라운 방법을 알고 있기 때문이지.

똑같이 청바지에 무늬 없는 흰 티셔츠를 입은 두 명의 여자 친구가 있다고 하자. 그런데 그중 한 친구만 목에 물방울무늬의 귀여운 스카프를 리본처럼 맸어. 어떤 친구가 더 눈에 띌까?

스카프를 맨 친구는 밋밋한 옷차림에 한 가지 포인트를 줘서 멋쟁이가 된 거야.

알고 보면 어렵지 않아. 평범한 옷차림이라도 좀 튀는 색상의 허리띠를 한다든지, 독특한 모양의 신발을 신거나 얼굴형에 어울리는 모자를 쓴다면 한 가지 포인트를 주는 것만으로 충분히 멋스러워질 수 있단다.

그런데 이렇게 한 가지 포인트를 주는 패션에는 좀 과감함이 필요해. 평소에 "이렇게 화려한 걸 어떻게 해?"라고 생각했던 모자나 신발, 스카프나 허리띠, 액세서리들을 이용해 보는 것이 좋아. 내 딴에는 포인트라고 생각하고 한 허리띠를 아무도 알아보지 못한다면 그것은 멋 내기에 실패한 결과잖아. 포인트를 준 부분이 눈에 확 드러난다면 일단 성공.

"오! 이런 화려한 색깔의 신발도 네가 신으니 멋지구나"라는 말을 들었다면 대성공!

너희에게 가장 좋은 포인트는 손수건만 한 작은 스카프가 어떨까 싶어.

가격도 그다지 비싸지 않으니 용돈을 아껴서 여러 가지 다른 모양의 작은 스카프를 모아 놓고 활용해 보는 것도 괜찮을 것 같아.

날이 선선한 계절에는 목을 따뜻하게 보호해 주는 역할도 할 거야. 여자 친구들은 이런 스카프를 이용해 머리를 산뜻하게 묶어 보는 것도 색다른 멋 내기 방법으로 효과 만점일 거야.

남자 친구들은 잘 접어서 재킷 윗주머니에 넣어 주면 신사들이 하는 행커치프 효과를 낼 수도 있으니, 남자 친구들도 이런 스카프를 몇 장 가져 보는 것은 어떨까?

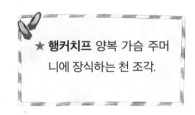

★ **행커치프** 양복 가슴 주머니에 장식하는 천 조각.

 멋쟁이 포인트를 주자!

멋쟁이로 만들어 주는 행커치프 접기

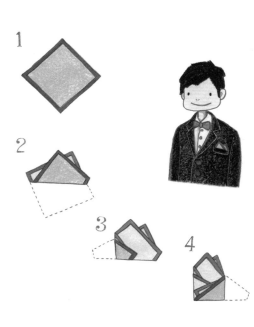

1
2
3
4

스카프로 만드는 멋쟁이 머리 모양

발랄한 머리띠 스카프를 접어서 머리에 두르면 짧은 머리는 발랄하고 귀여움을, 긴 머리는 청순함을 표현할 수 있어.

포니테일 말 꼬리처럼 머리를 하나로 묶어 늘어뜨리는 것을 포니테일이라고 하는데 스카프로 느슨하게 묶어 주면 분위기 있는 소녀로 보일 거야.

진정한 패션의 완성은 신발

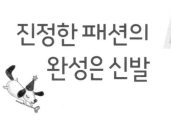

신발장을 열어 봐. 지금 신을 수 있는 신발이 몇 개나 있니?

유난히 신발을 좋아하는 친구들은 그 수가 많을 테고 아니라도 두세 개 정도의 신발은 누구나 가지고 있을 거야.

엄밀히 말하면 신발은 옷에 따라 정해지는 것이라 전체적인 패션의 완성 단계라 할 수 있어. 그래서 스타일에 맞는 신발을 여러 개 가진 친구들도 있을 거야.

특별한 날, 예쁜 드레스나 멋진 정장을 입고 고무로 된 슬리퍼나 때 묻은 운동화를 신어야 한다면 얼마나 슬프겠어.

계절에 따라 여름에는 더위를 이겨 낼 수 있는 샌들, 겨울에는 추위를 막는 방한부츠가 필요할 테고, 정장에 신을 구두와 운동할 때나 평상시에 편하게 신을 운동화, 그리고 멋을 내고 싶을 때 신는 스니커즈 신발은 종류도

다양하지.

그렇다고 부모님께 신발 사 달라고 조르라는 말은 절대 아니야. 너희 같은 어린이들에게 신발을 많이 사 주는 것은 낭비일 수도 있어. 왜냐하면, 금방 발이 자라고 사계절이 뚜렷한 우리나라의 경우에는 한 계절 빠듯하게 신고 발이 커져서 못 신는 신발이 생길 테니까.

그럴 땐 방법이 있지. 바로 신발 물려 신기! 언니나 누나, 형, 오빠가 신던 신발을 깨끗하게 손질해서 신는 것도 좋은 일이야. 절약도 되고 환경도 보호하는 방법이지.

그럼 어떤 신발을 골라야 할까? 신발을 고를 때는 입고 있는 아래옷과 어

울리는 것을 고르는
게 좋아. 치마나 정장
바지를 입었다면 여자
어린이들은 발등에 끈
이 달린 스트랩 신발
을 신어도 좋고 남자
어린이들은 끈이 달린

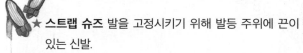

★ **스트랩 슈즈** 발을 고정시키기 위해 발등 주위에 끈이
있는 신발.
★ **옥스퍼드 슈즈** 영국 옥스퍼드 대학생들이 처음으로
신은 데서 유래된 신발로 신을 때 끈을 매는 구두.
★ **로퍼** 묶는 끈이 달려 있지 않은 구두.
★ **스니커즈** 운동화 밑바닥에 붙인 고무창으로 발소리가
나지 않는 운동화.

옥스퍼드 슈즈를 신으면 좋을 것 같아.

바지 차림에 멋을 내고 싶을 때는 끈이 없는 구두인 로퍼를 신어도 좋은데
로퍼는 남자 여자 모두에게 어울리는 신발이야. 경쾌한 스타일의 정장을 입고
싶다면 가죽으로 만든 스니커즈를 신어도 좋아. 가죽 스니커즈는 청바지에도
정장에도 잘 어울리는 멋스러운 신발이란다.

이렇게 모양과 스타일도 중요하지만, 너희가 신발을 고를 때 주의해야 할
점이 있어. 요즘은 어린이 신발도 어른의 축소판처럼 화려하게 나오는 경우가
많은데 그런 것은 어린이의 옷차림에 어울리지 않아.

특히 여자 어린이들을 위한 하이힐은 아주 좋지 않아. 하이힐은 뒷굽이 높
은 구두로 어른이 신어도 발과 무릎, 허리에 무리가 많이 가는 신발인데, 너
희 같은 성장기 어린이들이 신으면 성장에 나쁜 영향을 주게 돼.

또한 너무 크거나 작은 신발은 넘어지기 쉬워서 위험하고 앞코가 유난히
뾰족한 신발도 좋지 않아. 둥근 코의 편안한 신발을 찾아 신어야 하지. 멋도
중요하지만 멋을 부리다가 건강을 해치는 일이 있어서는 안 되니까 말이야.

하이힐은 똥을 피하던 신발?

세계의 여자들이 사랑하는 구두 하이힐. 여자아이들은 엄마의 하이힐을 한번 쯤은 몰래 신어 봤을 거야.

뒷굽이 높아 걸을 때마다 비틀비틀하게 하는 이 하이힐에는 알고 보면 정말 재미있는 이야기가 숨어 있단다.

하이힐을 남자가 신는다고 상상해 봤니? 뭐, 키가 작은 남자들은 신발 속에 깔창을 여러 겹 깔아서 키를 크게 보이려고 한다지만 대놓고 하이힐을 신지는 않잖아.

그런데 남자들도 예전에는 하이힐을 신었다는 놀라운 사실! 믿겨지니?

고대 그리스 시절에 무대에서 배우들을 돋보이게 하려고 통굽 구두를 신었대.

이것이 하이힐의 시초라는 이야기도 있어. 하지만 지금 우리가 생각하는 하이힐의 모양과는 좀 달라.

그래서 최초의 하이힐은 16세기 귀족 부인들이 거리에 오물을 피하기 위해서 신고 다니던 '쵸핀'이라는 신발이라고 해.

옛날에는 지금처럼 화장실이 별도로 있던 게 아니야. 그래서 사람들은 배설물을 오물통에 모았다가 그 오물을 거리에 쏟아 버렸대. 그러니 거리는 오물로 가득했겠지? 비라도 오는 날이면 거리는 온통 똥오줌 바다가 되었대.

그 위를 귀족 여인들이 긴 치마를 입고 지나간다고 생각해 봐. 그 치맛단이 어떻게 될까?

생각만 해도 불결하지?

이렇게 해서 생겨난 신발이 바로 하이힐이야. 그러니까 하이힐은 오물을 피하려고 신었던 신발이지.

그런데 더 흥미로운 사실은 하이힐이 원래 여자만 신던 신발은 아니야. 남자들도 하이힐을 즐겨 신던 시대가 있었단다.

특히 태양왕이라고 불리는 프랑스의 루이 14세는 유독 이 하이힐을 사랑했지.

스스로 태양왕이라 부르며 자아도취가 강했던 루이 14세는 자신의 멋진 다리를 돋보이게 해 줄 수천 켤레의 하이힐을 가지고

있었다고 해.

그래서인지 루이 14세의 초상화를 보면 그가
높은 하이힐을 신고 다리를 쭉 뻗고 있
는 그림이 많아. 뾰족한 굽이 달린
재미있는 신발, 그 역사도 참
재미있지?

나의
퍼스널 컬러
알아보기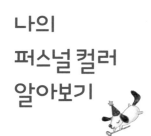

이젠 옷잘러가 되기 위한 쇼핑을 한번 해 볼까?

이쯤에서 말해 주고 싶은 것은 무조건 새 옷을 사야 한다는 것은 아니니까 오해하지 마. 있는 옷을 활용해서도 충분히 패셔니스타가 될 수 있지만, 만약 옷을 사기 위해 쇼핑을 한다면 알아 두면 좋은 점을 체크해 보도록 하자.

옷을 사러 어디로 갈까? 많은 어린이가 엄마와 함께 백화점이나 의류매장에서 구입을 하지. 요즘은 인터넷으로 구입을 하는 경우도 많을 거야.

하지만 인터넷으로 옷을 구입하는 경우는 매장처럼 입어 볼 수가 없으니 나에게 어울릴지도 잘 모르고 사이즈도 맞는지 알 수 없어 실패의 위험을 감수해야 해.

즐겨 입는 상표가 있다면 그 회사 옷에서 나의 치수를 알아 두면 좋아. 그렇다면 인터넷 쇼핑을 해도 크기에 실패하는 일이 적지. 같은 옷이 백화점 매장보다 인터넷이 저렴하다면 매장에서 입어 보고 인터넷으로 저렴하게 구매하는 알뜰 쇼핑법도 있단다.

꼭 비싼 옷만이 좋은 것은 아니야. 비싼 옷을 고집하는 것은 너희처럼 금방 자라는 어린이들에게 적합하지 않아. 적당한 가격에 나의 몸에도 맞고 어울리는 옷을 구입하는 것이 가장 똑똑한 쇼핑이지.

쇼핑을 하러 가면서 나에게 필요한 옷이 무엇인지 파악을 하고 간다면 좋을 거야. 쇼핑을 하다 보면 먼저 눈에 보이는 것에 마음을 빼앗겨 집에 와서 보면 처음 계획과는 전혀 다른 옷을 사 오는 경우도 많거든. 내가 반바지를 사러 갔다면 반바지를 고르는 쇼핑을 하는 것이 좋지.

또한 옷을 고를 때 나에게 어울리는 색을 알고 가면 더 똑똑한 쇼핑을 할 수 있어.

내가 좋아하는 색의 옷만 고집한다면 옷 때문에 오히려 얼굴이 칙칙해 보이는 부작용이 있을 수 있거든. 옷 색깔은 내 얼굴의 피부색에 맞게 고르면 좋아. 요즘은 퍼스널 컬러persnal color라고 해서 자신의 얼굴 색감을 알아보기도 해.

쿨 톤이라고 하는 흰 피부는 대체적으로 아무 색이나 다 잘 어울려. 발랄하고 경쾌하게 보이고 싶다면 노란색, 연두색, 하늘색, 분홍색 등 밝은 계통의 색을 선택하면 좋고, 차분하게 보이고 싶다면 검정, 남색, 보라, 고동색 등 진한 색상의 옷을 선택하면 좋아.

반면 웜 톤이라고 하는 얼굴색이 어둡거나 노란 경우는 너무 밝은 색의 옷을 입으면 얼굴이 더 까맣게 보일 수 있으니 짙은 빨강, 짙은 보라 등 색이 짙은 옷을 선택하면 좋아. 또 브라운이나 오렌지 계열도 잘 어울려.

내 피부가 노랗다면 어두운 색상의 옷이나 노란색 계열의 옷은 피하는 것이 좋고 단색보다는 큰 무늬가 있는 옷을 선택하는 것이 좋아. 노란 피부에는 올리브색이나 민트그린도 잘 어울리니 기억해 두렴.

★ 쿨 톤 vs 웜 톤 테스트
자연광이 비추는 밝은 곳에 거울을 두고 얼굴 옆에 흰 종이를 댄다. 얼굴빛이 노란빛을 띠면 웜 톤이고 푸른 느낌이 든다면 쿨 톤일 가능성이 높다.

노란 피부에 키가 작은 은지가
옷장 앞에서 고민하고 있어.
은지에게 잘 어울리는 옷을 골라 볼까?
어떤 옷이 은지를 가장 예쁘게
만들어 줄까?

1. 병아리처럼 밝은 노란색에
치마 길이가 긴 원피스.

2. 민트색과 하늘색의
줄무늬 티셔츠에 스키니진.

3. 검은색 레이스가
달린 블라우스에
통 넓은 일자바지.

4. 민트그린 캐릭터
티셔츠와 짧은
청 반바지.

은지

4번
민트그린색 캐릭터 티셔츠와
짧은 청 반바지.

이유 얼굴이 노란 편인 은지는 노란 옷은 안 돼. 게다가 긴 치마는 키를 더 작아 보이게 할 수도 있으니까, 1번은 잘못된 선택이야. 스키니진은 다리가 짧아 보일 수 있으니 2번도 잘못된 선택, 노란 피부의 은지에게 검은색도 좋은 선택이 아니고 통 넓은 일자바지와 함께 입으면 몸이 더 작아 보일 수 있으니 잘못된 선택이야.

4번 민트그린색에 무늬가 큰 티셔츠는 은지에게 잘 어울리는 옷이고 짧은 청 반바지를 입으면 다리가 길어 보이는 효과를 줄 수 있어서 은지를 예뻐 보이게 만들어 줄 것 같아.

여기에 포인트가 될 만한 팔찌를 하나 하고, 예쁜 스니커즈를 신는다면 옷잘러로 충분하겠지?

까만 얼굴에 마르고 키가 큰 준호의
옷도 골라 볼까?
어떤 옷이 준호를 가장 멋지게
만들어 줄까?

1. 형광색 티셔츠와
부분부분 물이 빠진
일자 청바지.

2. 검은색 옷깃이 있는
티셔츠와 배기 청바지.

3. 짙은 올리브색 재킷과
경쾌한 스타일의
롤업 청바지.

4. 짙은 보라색 셔츠와
짧은 청 반바지.

준호

3번
짙은 올리브색 재킷과
경쾌한 스타일의 롤업 청바지.

이유 준호는 얼굴이 검은 편인데 형광색 티셔츠를 입는다면 티셔츠만 튀어 보일 것 같아. 얼굴은 더 까맣게 보이고. 그래서 1번은 잘못된 선택. 2번의 검은색 옷깃이 달린 티셔츠는 괜찮지만 스키니진을 입는다면 준호의 마른 다리가 더 드러날 테니 잘못된 선택이라고 봐. 또 역시 짙은 보라색 셔츠는 준호에게 어울리지만 짧은 청 반바지는 준호의 다리가 드러나서 더 말라 보이니 그리 보기 좋진 않을 것 같아서 잘못된 선택이라 하겠어.

반면에 짙은 올리브색 재킷은 준호에게 잘 어울리는 색으로 자칫 딱딱해 보일 수 있는 스타일이지만 여기에 마른 체형에도 어울리는 롤업 청바지를 입으면 차림이 경쾌해질 수 있어. 또 가죽 스니커즈나 로퍼를 신고 스카프를 행커치프처럼 접어서 윗주머니에 넣어 주면 준호는 어느새 옷잘러가 되어 너희에게 고맙다고 인사할 거야.

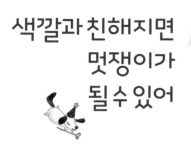

색깔과 친해지면 멋쟁이가 될 수 있어

앞에서 퍼스널 컬러에 따라 어울리는 색깔에 대해 알아봤는데 이처럼 각 색깔의 특성과 조화를 알고 있다면 멋쟁이가 되는 길이 더 빨라질 수 있어.

색깔마다 갖고 있는 느낌이 있거든. 그 색깔의 느낌대로 옷을 입으면 멋쟁이가 될 수 있어.

빨간색을 좋아하고 즐겨 입는 친구가 있니? 이 친구의 성격은 어떨까? 빨간색은 활동적인 색깔로 열정적이고 적극적인 사람들이 즐겨 입는 색깔이라고 해. 그럼 다른 색깔 옷들은 어떤 느낌을 주는지 살펴보자.

★ 분홍색 여성스러움을 느끼게 하는 색깔로 상냥하고 부드러운 이미지로 보이게 한다.

★ 주황색 명랑하고 밝은 분위기의 색깔로 누군가를 처음 만나는 자리에 입고 나가

면 좋다.

★ 노란색 밝고 건강한 이미지를 나타내고 똑똑해 보이는 효과를 주기도 한다.

★ 초록색 푸른 잎이 무성한 숲처럼 편안한 분위기를 만들어 준다.

★ 파란색 하늘과 바다처럼 넓은 마음과 안정을 주기도 하고 때론 차가워 보이기도 한다.

★ 보라색 예로부터 신비한 분위기를 풍기는 색이라고 전해진다.

★ 흰색 결혼을 약속하는 신부의 웨딩드레스처럼 깨끗하고 신성한 분위기를 준다.

★ 검은색 엄숙하고 고급스러운 분위기를 만들어 준다. 카리스마를 보여 줘야 하는 자리에 검정 옷을 입으면 좋다.

색과 기분에 관한 정보

1 빨강색

열정, 활력, 역동성,
남성적, 자신감.

2 주황색

식욕 자극, 기쁨과 행복,
사교적, 명랑함.

3 노란색

귀여움, 활동적, 즐거움,
웃음, 호기심.

4 초록색

안정, 자연, 건강, 성장.

5 파랑색

성공과 희망, 전문가,
평화, 시원함.

6 보라색

품위, 신비함, 숭고함,
우아함.

7 검은색

세련미, 신중함, 엄격함,
차가움, 규범.

8 하얀색

순결, 밝음, 순수,
청결, 평화로움.

아래 친구들에게 어떤 색의 옷이 어울릴까?

1 반장 선거에 나가는 건희, 친구들 앞에서 카리스마 넘치는 모습을 보여 주고 싶다.

2 전학을 가게 된 하영, 새 친구들에게 좋은 인상을 심어 주고 싶다.

3 플롯 연주회를 하게 된 윤아, 관객들에게 신비로운 소녀로 보이기를 원한다.

4 친구의 병문안을 가게 된 영훈, 친구에게 편안하게 위로의 마음을 전하고 싶다.

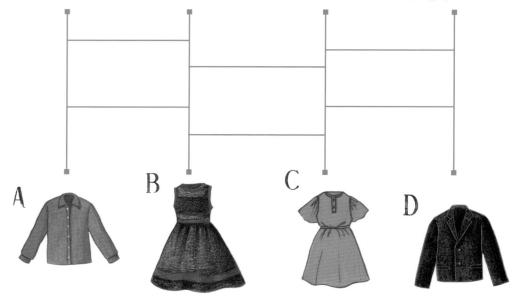

A a. 초록색 티셔츠

B b. 보라색 원피스

C c. 주황색 원피스

D d. 검은색 재킷

1. 반장 선거에 나가는 건희는 믿음직하고 카리스마 있는 반장 후보의 모습을 보여 줘야 하기 때문에 엄숙한 분위기의 검정 재킷을 추천한다.

2. 전학을 가서 새 친구들에게 좋은 인상을 주고 싶은 하영이에게는 명랑하고 밝은 분위기의 주황색 원피스를 추천한다.

3. 연주회에서 신비한 분위기를 만들고 싶은 윤아에게는 보라색 원피스를 추천한다. 보라색은 예로부터 신비한 분위기를 풍기는 색깔로 알려져 왔기 때문이다.

4. 친구의 병문안을 가는 영훈이에게는 초록색 셔츠를 추천한다. 병문안은 아픈 사람을 위로하고 편안하게 만들어 주는 초록색이 좋다.

옷은 잘 입었는데
피부가 엉망이라고?
옷은 멋진데 몸이 더러운 옷잘러라,
과연 멋져 보일까?
피부도 패션의 일부분이야.
잘 관리해서 피부까지 멋쟁이가 되어 보자.

5장

나도

옷잘러

어느새
너도
옷잘러

자, 어때? 이제 옷잘러가 되는 법에 대해서 어느 정도 감이 잡히는 것 같니?

아직 잘 모르겠다고? 이런이런, 큰일이다. 그렇다면 책을 덮고 다시 첫 장부터 펼쳐 보도록 하자. 처음부터 다시 읽어 보는 수밖에.

지금 당황하고 있니? 하하! 걱정하지 마. 그렇다고 꼭 이 책을 처음부터 다시 읽을 필요는 없어. 재미있어서 또 읽는다면 몰라도 말이야.

네가 모르는 사이에 넌 이미 옷잘러가 될 감각을 익히는 중이니까.

지금까지 옷을 잘 입는 방법에 대해 알아봤다면 이제는 잘 입어 볼 차례야.

그동안 언제 사 두었는지 모를 정도로 옷장 구석에 박혀 있었다거나 엄마가 사 주셨지만, 마음에 썩 들지 않아서 입지 않았던 옷들이 있다면 한번 꺼내 보자. 분명 그 옷들도 디자이너들이 고민해서 만든 옷일 거야.

옷잘러가 될 마음의 준비가 된 너에게 그 옷들이 어떻게 보이니? 혹시 예전과는 달리 옷의 장점이 보이지는 않니?

색깔이 너무 튀어서 부담스러웠던 옷이라면 어두운 색깔에 차분한 디자인 옷과 매치해 보면 어떨까? 너무 짧은 옷이라면 '다른 옷을 겹쳐서 레이어드룩으로 입으면 멋스럽지 않을까' 하는 새로운 생각이 마구 샘솟지 않니?

유후, 벌써 옷잘러가 다 되었구나.

이제 네 생각대로 멋스럽게 입어 보자.

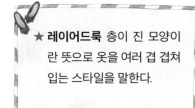

★ **레이어드룩** 층이 진 모양이란 뜻으로 옷을 여러 겹 겹쳐 입는 스타일을 말한다.

환경도 살리고
세상에 하나뿐인
나만의 옷도 만들고

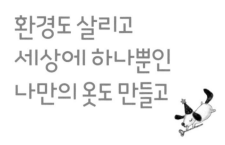

그렇다면 내 옷장 속의 옷을 두고 나를 옷잘러로 만들어 줄 새 옷을 왕창 사야 하는 걸까? 그동안 입던 촌스러운 옷은 다 의류 수거함에다 던져 버리고?

아니, 아니. 큰일 날 소리. 내가 입던 옷을 새 옷처럼 입는 방법을 알려 줄게. 바로 리폼reform이라는 놀라운 방법이야.

리폼이라는 뜻은 '낡고 오래된 물건을 새롭게 고치는 일'을 말하는데 너희 가 입던 옷을 리폼하면 충분히 예쁜 새 옷 효과를 낼 수 있단다.

하지만 너희는 바느질에 서툴고 재봉틀을 다루지 못하니 엄마의 도움이 필요하겠지?

엄마와 함께 헌 옷을 리폼해서 멋진 옷을 만든다면 세상에서 하나뿐인 옷 도 갖게 되고 새 옷을 사지 않아도 되니 절약도 되지. 또 엄마와 재미있는 시 간도 갖게 될 테니 얼마나 좋아.

그리고 매년 수백만 톤의 옷이 버려진다고 해. 그러니 이렇게 헌 옷을 리폼해 입으면, 환경을 살리는 데 큰 힘이 된단다.

유행이 지난 헐렁한 청재킷

버릴까, 말까? 망설이게 하는 헐렁한 청재킷을 가지고 있니? 그럼 옆선에 허리 라인을 넣어 바느질해 보면 어떨까? 요즘 유행하는 스타일의 새 옷이 만들어질 거야. 여자 어린이는 옷깃이나 소매에 레이스 천을 달거나 가슴에 코르사주나 바펜 Wappen 등을 달아도 귀엽고 사랑스러운 스타일이 되겠지?

엄마가 어렵다고 하면 엄마와 상의해서 집 근처 수선집에 부탁해도 좋아.

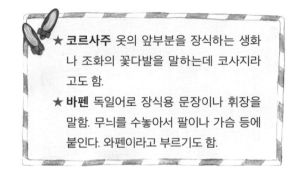

★ **코르사주** 옷의 앞부분을 장식하는 생화나 조화의 꽃다발을 말하는데 코사지라고도 함.
★ **바펜** 독일어로 장식용 문장이나 휘장을 말함. 무늬를 수놓아서 팔이나 가슴 등에 붙인다. 와펜이라고 부르기도 함.

코르사주

바펜

키가 커서 짧아진 청바지의 변신

키가 부쩍 커서 허리는 맞는데 바지 길이가 짧아져 애매해진 청바지를 가지고 있니? 이럴 땐 과감하게 가위를 들고 싹둑 자르자. 애매한 길이로 자르면 어정쩡한 스타일의 바지가 될지도 몰라.

무릎 밑의 7부 길이 정도로 자르고 끝단에 포인트가 될 만한 무늬 천을 덧대거나 여자 어린이들은 레이스를 달아도 예쁠 것 같아.

이 정도는 너희 엄마도 충분히 할 수 있을 거야. 함께해 보자.

밋밋한 티셔츠의 변신

하나만 입기에 별다른 모양도 없고 재미도 없는 밋밋한 티셔츠를 좀 재미있는 패션 아이템으로 바꾸는 법을 알려 줄까?

먼저 가위를 들고 소매를 잘라 보는 것은 어떨까? 시원한 민소매 티셔츠가 되겠지?

그리고 천에 그릴 수 있는 물감이 있다면 마음대로 좋아하는 그림을 그려 보자. 직물용 염색 물감이 요즘은 저렴하게 많이 나오더라

> ★ **비즈** 옷장식, 액세서리 등에 쓰이는 구멍이 뚫린 작은 구슬.

고. 이런 물감을 사 두고 가족 티셔츠를 만들어도 좋을
것 같지? 또 집에 있는 비즈로 꾸민다면 반짝거리는 예
쁜 티셔츠를 갖게 될 것이야.

아빠 엄마 셔츠의 대변신

아빠 엄마가 입지 않는 셔츠가 있다면 소매를 떼어 내고 허리선을 재봉틀
로 박아서 예쁜 원피스를 만들 수도 있어. 잘라 낸 소매로 긴 끈을 만들어 허
리에 리본처럼 묶으면 더 세련된 원피스가 탄생하겠지? 커다
란 칼라가 너무나 커서 어색하다면 칼라를 잘라 줄이거나
없애고 목선을 동그랗게 파주는 것도 좋은 방법이 될 거야.

독이 되는 화장품, 약이 되는 화장품

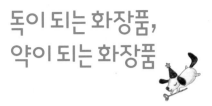

얼마 전에 텔레비전 뉴스를 보고 깜짝 놀랐어.

요즘은 많은 초등학생이 어른처럼 화장을 하고 또 몇몇 회사는 돈을 벌려고 초등학생을 위한 질 나쁜 화장품을 만들어 판다는 내용이었거든.

어린이용 립스틱에 아이섀도, 마스카라 등 그 종류도 다양해서 없는 것이 없더라고.

물론 어른처럼 화장을 해 보고 싶은 호기심도 있을 거야. 하지만 슬프게도 돈에 눈이 어두운 일부 어른들이 어린이들이 쓰는 화장품에 중금속이 든 좋지 않은 재료를 섞어 만들기도 하거든.

이런 화장품을 피부가 연약한 어린이가 바른다면 어떻게 될까? 화장품이 부작용을 일으켜 예쁜 피부에 울긋불긋 뾰루지가 나고 가렵고 아프거나 더 심하면 피부를 망쳐서 병원에서 치료를 받아야 할지도 몰라.

립스틱이나 립글로스, 틴트 같이 먹을 수
도 있는 화장품의 경우에는 더 큰 위험이 올
수도 있으니 주의해야만 해.

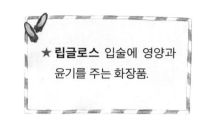

★ **립글로스** 입술에 영양과
윤기를 주는 화장품.

나도 어렸을 때 몰래몰래 엄마의 립스틱을
훔쳐 바르고 혼나기도 했지. 그땐 엄마가 화장품이 아까워서 나를 혼내는 줄
알고 엄마가 밉기도 했단다.

그런데 지금 생각해 보면 엄마가 왜 화를 내면서 화장품을 못 만지게 했는
지 알 것 같아. 연약하고 민감한 아이의 피부에 어른용 화장품은 좋지 않기
때문이야.

너희처럼 여린 피부를 가진 어린이에게는 울긋불긋한 화장품을 바르는 것
보다 지금 피부 그대로를 깨끗하고 맑게 잘 가꾸는 것이 더 예쁘다는 것을 꼭
기억하자.

지금 잠시 잠깐 호기심으로 바른 화장품이 미래의 너의 피부를 망치게 될
수도 있거든.

몸이 청결해야
진짜 멋쟁이

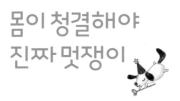

어린이도 때론 화장품이 필요해.

조금 전에는 화장을 하지 말라고 해 놓고 이제 와서 왜 말을 바꾸냐고?

여기서 말하는 화장품은 너희의 피부에 독이 되는 울긋불긋한 색조 화장품이 아니야. 피부를 깨끗하고 예쁘게 관리하는 방법으로 쓰는 약이 되는 화장품을 말해.

세수를 하고 나면 로션을 바르지? 피부를 자극하는 성분이 없는 순한 로션을 발라 촉촉하게 보습 효과를 주잖아. 어린이용 화장품이면 아무것이나 다 발라도 좋은 것은 아니야. 현재 어린이용 화장품이라고 팔고 있는 로션이나 크림 등에도 방부제, 보존제를 비롯해 좋지 않은 물질이 들어 있는 경우가 많기 때문이야.

이것은 너희 부모님이 꼼꼼하게 잘 챙기겠지만, 패션에 관심이 많은 어린이라면 스스로 자신이 사용하는 화장품에 프로필파라벤과 부틸파라벤 같은 파라벤 종류의 방부제가 들었는지는 확인해 보는 것이 좋아.

지금 쓰고 있는 로션의 뒷면 성분표를 보면 간단하게 확인이 될 거야. 어때? 너희가 쓰는 화장품은 안전하니?

또 외출을 할 때 꼭 잊지 말고 발라야 하는 것이 있어. 바로 선크림 같은 자외선 차단제야.

우리가 사는 동안 자외선에 가장 많이 노출되기 쉬운 때가 너희 나이 때라고 해. 자외선은 태양에서 나오는 광선으로 자외선에 많이 노출되면 피부암과 각종 질병이 걸리기도 해. 그리고 피부가 많이 상하지. 지금부터 꼼꼼하게 관리를 해 주지 않으면 나중에 피부가 약해져서 힘들어질 수도 있어.

끔찍하다고? 그렇다면 외출하기 15분 전에 자외선 차단제를 꼼꼼하게 발라 주자. "화장은 하는 것 보다 지우는 것이 중요하다"는 말이 있듯이 외출에서 돌아오면 깨끗하게 화장을 지워 주는 것도 중요하단다.

외출하고 돌아오면 엄마가 하는 말이 있지?

"깨끗하게 씻어라!"

밥 먹고 나면 하는 말이 있지?

"양치질해라!"

엄마의 이런 말을 잔소리로만 들은 친구가 있다면, 앞으로는 생각을 바꾸도록 해. 내 몸을 깨끗이 하는 건 멋쟁이가 되는 가장 기본적인 일이라는 것.

또 빼놓을 수 없는 고민이 있지? 여드름. 고학년 어린이 중에는 벌써 여드름이 얼굴에 꽃처럼 피어 고민하는 친구도 있을 거야. 여드름은 없애기도 힘

들고 관리도 어렵지.

혹시 창피한 여드름을 없애겠다고 거울을 보고 혼자 짜는 친구가 있는 건 아니니? 절대로 안 돼! 여드름은 올바르게 치료하고 관리하면 깨끗하게 지나가지만 손으로 짜거나 잘못 건드리면 바로 흉터가 되거든.

여드름은 혼자 치료할 수 있는 것이 아니야. 어느 순간 사라졌다 싶다가도 방심하면 우르르 몰려오는 끈질긴 성질이라 치료와 관리를 받아야 하는 까다로운 녀석이란다.

옷은 잘 입었는데, 몸이 더러운 멋쟁이라, 과연 멋져 보일까? 피부도 패션의 일부분이야. 잘 관리해서 피부까지 멋쟁이가 되어 보자.

화장품 때문에
동물들이 아파요

여자들이 예뻐지기 위해 바르는 화장품, 혹은 남녀노소 모두가 피부 건강이나 보호를 위해서 바르는 화장품 때문에 때로는 죄 없는 동물들이 고통을 당하거나 죽음을 당하는 슬픈 일도 일어난단다.

화장품을 만드는 과정에서 토끼나 쥐, 개, 원숭이, 햄스터 등의 동물 실험이 이루어지는데, 이것은 화장품에 독성이나 부작용이 있는지 사람이 사용하기 전에 동물들에게 먼저 실험을 해 보는 일이야.

하지만 사람과 동물이 같지 않기 때문에 동물 실험 결과가 사람에게도 해당되는지는 의문이야. 2022년 기준 우리나라에서 여러 분야 동물 실험으로 동원된 동물이 약 500만 마리에 이른다고 해. 인간을 위해서 죄 없는 수많은 동물이 희생당한 셈이지.

우리나라는 2017년 2월 4일부터 시행 중인 화장품법 개정으로 동물 실험을 한 화장품은 판매를 못해 다행이지 뭐야.
이런 이야기를 하는 이유는 우리 사람들이 단지 예뻐지려고 동물들을 아프거나 죽게 만들 권리는 없다는 것을 알았으면 해서야.
미래에 너희가 어른이 되었을 때는 이런 슬픈 일이 일어나지 않았으면 하는 바람에서 말이지.

얼굴이 두 배 예뻐 보이는 머리 모양

자, 옷부터 신발, 피부까지 완벽해! 이제 완벽한 멋쟁이가 되었어!

정말? 과연 빈틈없는 멋쟁이가 되었을까? 그럼, 다시 거울 앞에 서 봐.

너의 모습이 어떻게 보여? '뭐, 이만하면 멋쟁이다' 싶니? 그럭저럭 처음보다 많이 좋아졌다고? 그럼 너의 그 부스스한 머리는 어떻게 할래?

드라마나 영화를 보면 촌스럽던 주인공이 몰라보게 변신을 하는 장면이 많이 나오지?

그런 경우 가장 먼저 어디에 갈까? 어떤 장면이 꼭 나올까?

바로 미용실 장면이지. 촌스러운 주인공이 머리를 파격적으로 자르거나 손질을 해서 확 달라진 모습을 보여 주잖아. 그 이유가 뭘까? 사람의 얼굴과 가까운 머리 모양이 그 사람의 인상을 달라지게 하기 때문이야.

긴 머리가 정숙하고 청순한 이미지를 만들어 준다면 짧은 머리는 발랄하고 산뜻한 이미지로 보이게 하지. 남자 어린이의 경우에도 긴 머리는 차분하고 지적인 이미지를, 반대로 짧은 머리는 활동적이고 깔끔한 이미지를 만들어 준단다.

남자 어린이들은 특별히 머리를 묶는다거나 꾸미는 일이 별로 없으므로 단정하게 자르거나 깔끔하게 빗으면 그만이지만 여자 어린이는 머리 스타일을 매일매일 바꿔가면서 색다른 모습을 보여줄 수 있지.

청순한 스타일의 원피스를 입었다면 머리를 늘어뜨리고 커다란 리본 핀이나 머리띠를 해 주는 것이 좋고. 청바지에 티셔츠 차림이라면 포니테일이라고 부르는 말의 꼬리처럼 뒤로 묶은 머리가 발랄해 보일 거야.

때로는 어린이가 파마를 하거나 염색을 하는 경우도 있는데 이런 머리 모양을 만드는 데 쓰는 약품들은 대부분 우리 몸에 좋지 않은 강한 화학 성분을 가지고 있어서 웬만하면 피하는 것이 좋아.

변화를 주고 싶다면 여자 어린이는 헤어 액세서리를 달거나 머리를 묶어 보자.

또 남자 어린이는 긴 머리를 투블럭 컷이라고 부르는 짧은 머리로 자르고 그것이 심심하다면 옆머리에 축구 선수들처럼 스크래치라고 부르는 선 모양으로 무늬를 넣어 주면 재밌고 개성 있는 스타일을 만들어 줄 거야.

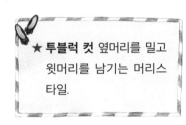

★ **투블럭 컷** 옆머리를 밀고 윗머리를 남기는 머리스타일.

머리 모양이 바뀌면 그 사람의 인상이 달라진다고 해. 옷을 신경 써서 골라 입듯이 머리 모양도 신경 좀 써야겠지?

멋쟁이가 되려면 신경 쓸 것이 너무 많단다.

✩ 얼굴형에 잘 어울리는 머리 모양 찾기 ☞

긴 얼굴

단발머리가 가장 잘 어울려.
여기에 동그랗게 앞머리를 내리면 긴 얼굴을 가려 줘.

동그란 얼굴

짧은 커트와 앞머리를 사선형으로 내리면
얼굴을 갸름하게 보이게 해.

네모난 얼굴

옆머리가 뒷머리보다 긴 단발머리가
각진 턱을 갸름하게 보이게 해.

역삼각형 얼굴

옆머리와 앞머리를 풍성하게 해 주면
날카로운 느낌을 없애 줘.

대머리왕을 보호하려고
유행시킨 패션 가발

영화를 보면 유럽의 귀족 남자들이 치렁치렁한 흰색 가발을 쓰고 나오는 것을 볼 수 있어.

실제로 영국의 의회나 점잖은 자리에 참석한 높은 신분의 남자들이 이런 가발을 쓰는 것이 예의처럼 여겨지던 때가 있었지. 이때는 남자들의 옷도 레이스가 달리고 리본이 치렁치렁 화려함이 최고에 달하던 시기였기 때문에 귀족들의 이런 화려한 가발도 유행처럼 번져 나갔대.

아마 이것이 요즘 사람들이 멋을 내기 위해 쓰는 패션 가발의 시초라고 볼 수 있을 거야.

그런데 이 가발이 탄생하고 유행하기까지는 재미있는 이야기가 숨어 있어.

프랑스의 루이 13세는 젊은 때부터 머리카락이 빠지기 시작했어.

22살이라는 젊은 나이에 머리털이 숭덩숭덩 빠지고 만 거야.

그래서 가발을 만들어 썼는데 신하들이 보니까 왕 혼자만 가발을 쓴 게 이상한 거야. 그래서 신하들이 모여 회의를 했어.

"왕께서 혼자 가발을 쓰고 계시니까 좀 이상하지 않은가?"

한 신하의 말에 너도 나도 맞장구를 쳤어.

"맞네, 맞아. 다른 나라 사람들이 보면 분명히 이상하다고 생각할 거야. 얼마 안 가 왕께서 대머리가 된 걸 알게 될지도 몰라."

신하들은 고민했어.

그러자 그중 총명한 신하 하나가 말했지.

"자자, 고민할 필요 없네. 우리도 같이 쓰면 되지 않은가?"

이 말에 모두 무릎을 쳤어.

"그렇네. 우리 모두 가발을 쓰면 이상할 것이 하나 없지 않은가."

신하들은 너도나도 왕이 대머리임을 감춰 주려고 가발을 썼대. 그런데 이런 모습이 다른 나라에서 보기에 멋져 보인 거야.

전통과 멋이 살아 있는 프랑스의 왕과 귀족이 그런 치렁치렁한 가발을 쓰니까 좀 있어 보였던 모양이지. 그래서 유행처럼 유럽의 여러 나라 남자들이 가발을 쓰게 되었고, 이 가발이 오랫동안 왕족과 귀족 남자들의 사랑을 받았다고 해.

대머리가 된 루이 13세에게는 슬픈 일이지만 왕을 보호하려는 신하들의 충성 어린 마음에서 유행된 가발이라니, 꽤 감동적이지 않아?

빨강, 노랑, 초록의 신호등 패션의 옷을 입고 패션 테러리스트라고 놀림을 당하던 너.

거울 앞에 서서 눈을 감고 주문을 외운 후 눈을 뜨면 마법처럼 옷잘러로 변하게 해 달라고 소원을 빌던 너.

그런 촌스럽던 네가 이젠 달라졌어. 얼마나 달라졌을까? 궁금하지?

빨리 달라진 모습을 보고 싶니?

하지만 아직 눈을 뜨지는 마. 마음의 준비를 하고, 하나, 둘, 셋을 센 다음에 눈을 떠야 해.

마음의 준비. 이것이 바로 이 책을 읽으면서 가장 마지막까지 남아 있어야 하는 것.

내 체형에는 어떤 스타일의 옷이 어울리고, 퍼스널 컬러에는 어떤 색의 옷이 잘 맞는지, 옷이 각각 어떤 기능을 하고 예절을 지키려면 때와 장소에 맞춰서 어떻게 옷을 입느냐 하는 것들은 다 잊어도 좋아. 이 마음의 준비 하나만 잊지 않는다면 말이야.

그 마음의 준비는 바로 자신감을 말해.

자신감은 너를 옷잘러로 만들어 줄 마법의 주문이지. 아무리 멋지게 옷을 입어도 스스로 자신감이 없다면 그 옷도 남들이 보기에는 빨강, 노랑, 초록의 신호등 패션과 별다를 것이 없어 보일 거야.

누가 봐도 지나치게 화려하다 싶은 꽃무늬 재킷을 두 친구가 똑같이 입었다고 생각하자.

한 친구는 자신 있게 어깨를 펴고 당당한 걸음으로 걷고 있어. 반면 또 다른 한 친구는 누가 보고 놀릴까 봐 두려워 잔뜩 움츠린 모습으로 숨기 바쁘지.

같은 옷을 입은 친구들인데 어떤 친구가 멋져 보일까? 당당한 친구는 그 화려한 꽃무늬 재킷을 이미 자기 개성으로 소화해서 어쩌면 벌써 유행을 만들고 있는지도 몰라.

옷에 휩쓸려서 남의 눈치를 보고 숨기 바쁜 친구는 꽃무늬 재킷이 아니라 어떤 옷을 입어도 달라지지 않을 거야. 주눅이 들고 촌스러운 패션 테러리스트 신세를 면하지 못하게 되겠지. 어떤 옷을 입던 자신감을 가진다면 너는 이미 옷잘러야.

자, 자신감이 생겼니? 이제 천천히 눈을 떠 보자.

어때? 어머! 거울 앞에 서 있던 패션 테러리스트는 어디로 사라진 거니?

반짝반짝 빛나는 옷잘러가 보이지? 드디어 마법 성공!
자신감 넘치는 너는 이제 언제 어디에서도 당당한 옷잘러란다.

옷잘러들의
옷장 정리 비법

옷 잘 입는 친구들의 옷장을 들여다보면 남다른 것이 있어.

나에게 어떤 종류의 옷이 얼마만큼 있는지 한눈에 파악하고 때와 장소에 맞게 꺼내 입을 수 있도록 정리가 잘 되어 있다는 점이지.

물론 너희 어린이는 옷 정리를 스스로 하기보다는 엄마가 해 주는 경우가 더 많을 거야. 그렇게 되면 나 스스로 내 옷이 얼마만큼 있고 어디에 있는지 모를 수도 있지.

외출하고 돌아와 뱀이 허물을 벗듯 하나씩 옷을 벗어서 아무렇게나 던져 놓는다면 옷잘러의 자격이 없다고 생각해. 옷도 관리하고 잘 다뤄 줘야 오래도록 예쁘게 입을 수 있거든.

지금부터라도 옷 종류대로 정리하는 법을 배워서 스스로 옷 정리를 해 보는 것은 어떨까?

1. 걸어 두기 구김이 잘 가는 옷은 다림질해서 옷걸이에 걸어서 보관한다.

2. 구분하기 윗옷과 아래옷, 속옷, 양말을 따로 분리해서 섞이지 않게 접어서 칸막이나 바구니를 이용해 서랍장에 보관한다.

3. 세워 두기 모양이 망가질 수 있는 가방이나 모자 등은 안에 신문지나 비닐 등을 구겨 채워 넣어 모양을 잡아서 옷장 안 수납공간에 세워 둔다.

4. 리스트 작성 한눈에 보이지 않는 옷장 구조를 가졌거나 내 옷을 쉽게 파악하기 위해 옷장 리스트, 클로젯Closet 리스트를 작성해도 좋다.

● 봄, 가을 옷

구분	개수	특징이나 이름
티셔츠		
셔츠, 블라우스		
바지		
스커트		
원피스		
재킷		

● 여름 옷

구분	개수	특징이나 이름
티셔츠		
셔츠, 블라우스		
바지		
스커트		
원피스		
재킷		

● 겨울 옷

구분	개수	특징이나 이름
티셔츠		
셔츠, 블라우스		
바지		
스커트		
원피스		
재킷		

● 기타

구분	개수	특징이나 이름
모자		
가방		
장갑		

옷 잘 입는 아이가 될 거야!

개정판 1쇄 발행 2024년 10월 31일

글 정윤경 **그림** 김수경
디자인 손현주
펴낸이 김숙진

펴낸곳 (주)분홍고래
출판등록 2013년 6월 4일 제2021-000294호
주소 서울시 마포구 모래내로1길 17 상암퍼스티지더올림 911호
전화번호 070-7590-1961(편집부) 070-7590-1917(마케팅)
팩스 031-624-1915
전자우편 p_whale@naver.com
분홍고래 블로그 blog.naver.com/p_whale

© 정윤경 2024

ISBN 979-11-93255-33-9 73590

* 책값은 뒤표지에 표시되어 있습니다.

* 잘못 만든 책은 구입하신 곳에서 교환해 드립니다.

품질경영 및 공산품 안전관리법에 의한 품질 표시
품명 어린이 도서 | **제조년월일** 2024년 10월 | **사용연령** 8세 이상
제조자명 (주)분홍고래 | **제조국** 대한민국 **연락처** (070)7590-1961

※경고 : 3세 이하의 영·유아는 사용을 금합니다. 종이에 베이거나 긁히지 않도록 조심하세요. 책 모서리가 날카로우니 던지거나 떨어뜨리지 마세요.